Fayçal Kharfi

Tomographie Neutronique

Fayçal Kharfi

Tomographie Neutronique

Principe, Effet du Durcissement du Spectre et
Analyse d'Erreurs

Presses Académiques Francophones

Impressum / Mentions légales
Bibliografische Information der Deutschen Nationalbibliothek: Die Deutsche Nationalbibliothek verzeichnet diese Publikation in der Deutschen Nationalbibliografie; detaillierte bibliografische Daten sind im Internet über http://dnb.d-nb.de abrufbar.
Alle in diesem Buch genannten Marken und Produktnamen unterliegen warenzeichen-, marken- oder patentrechtlichem Schutz bzw. sind Warenzeichen oder eingetragene Warenzeichen der jeweiligen Inhaber. Die Wiedergabe von Marken, Produktnamen, Gebrauchsnamen, Handelsnamen, Warenbezeichnungen u.s.w. in diesem Werk berechtigt auch ohne besondere Kennzeichnung nicht zu der Annahme, dass solche Namen im Sinne der Warenzeichen- und Markenschutzgesetzgebung als frei zu betrachten wären und daher von jedermann benutzt werden dürften.

Information bibliographique publiée par la Deutsche Nationalbibliothek: La Deutsche Nationalbibliothek inscrit cette publication à la Deutsche Nationalbibliografie; des données bibliographiques détaillées sont disponibles sur internet à l'adresse http://dnb.d-nb.de.
Toutes marques et noms de produits mentionnés dans ce livre demeurent sous la protection des marques, des marques déposées et des brevets, et sont des marques ou des marques déposées de leurs détenteurs respectifs. L'utilisation des marques, noms de produits, noms communs, noms commerciaux, descriptions de produits, etc, même sans qu'ils soient mentionnés de façon particulière dans ce livre ne signifie en aucune façon que ces noms peuvent être utilisés sans restriction à l'égard de la législation pour la protection des marques et des marques déposées et pourraient donc être utilisés par quiconque.

Coverbild / Photo de couverture: www.ingimage.com

Verlag / Editeur:
Presses Académiques Francophones
ist ein Imprint der / est une marque déposée de
AV Akademikerverlag GmbH & Co. KG
Heinrich-Böcking-Str. 6-8, 66121 Saarbrücken, Deutschland / Allemagne
Email: info@presses-academiques.com

Herstellung: siehe letzte Seite /
Impression: voir la dernière page
ISBN: 978-3-8381-7985-8

Copyright / Droit d'auteur © 2013 AV Akademikerverlag GmbH & Co. KG
Alle Rechte vorbehalten. / Tous droits réservés. Saarbrücken 2013

Table des Matières

Préface 1
Liste des Figures et des Tableaux 6

Chapitre 1
Neutronographie Statique et Dynamique

1 Principe de la Neutronographie 10
2 Fondements Physiques et Mathématiques de la Neutronographie 14
   2.1 Principales Parties d'une installation de Neutronographie 14
   2.2 Caractérisation des différentes parties d'une installation de Neutronographie. 15
      2.2.1 Source de neutrons 15
      2.2.2 Filtre gamma 16
      2.2.3 Collimateur de Neutrons 17
      2.2.4 Objet à radiographier 19
3 Systèmes de détection utilisés en Neutronographie 23
4 Principales Méthodes et Détecteurs de Neutronographie 27
   4.1 Méthodes Conventionnelles 27
      4.1.1 Méthode Directe 27
      4.1.2 Méthode de Transfert 28
      4.1.3 Méthode du film Détecteur de Trace 30
   4.2 Méthode Dynamique à temps réel ou quasi-réel 31
   4.3 Systèmes de Détection utilisés en Neutronographie 32
      4.3.1 Système de détection photographique 32
      4.3.2 Système de détection électronique 36
5 Principales applications de la Neutronographie 40

Chapitre 2
Tomographie Neutronique à Transmission

1 Principe de la Tomographie Neutronique à Transmission 44
   1.1 Description d'un système de Tomographie Neutronique 46

   1.2 Reconstruction d'image en Tomographie Neutronique 48
      1.2.1 Méthode de la rétroprojection filtrée (FBP) 48
      1.2.2 Méthodes et algorithmes itératifs 55
         1.2.2.1 Modélisation de la projection 58
         1.2.2.2 Principaux algorithmes itératifs 59
2 Reconstruction 3D d'image d'un moteur électrique 6V 60
   2.1 Description de l'installation de Tomographie de l'ATI 60
   2.2 Procédure expérimentale d'investigation 64
   2.3 Résultats et discussions 66
3 Principales applications de la tomographie neutronique 73

CHAPITRE 3
TRANSMISSION NEUTRONIQUE : EFFET DU DURCISSEMENT DU SPECTRE

1 Position du problème 74
2 Aspect théorique 76
   2.1 Transmission Neutronique 76
   2.2 Effet de durcissement du spectre neutronique 81
3 Procédure expérimentale 85
4 Résultats et discussions 86
   4.1 Transmission neutronique 86
   4.2 Section efficace effective et densité surfacique du Bore 90
   4.3 Durcissement du Spectre 91
      4.3.1 Effet de la diffusion élastique 91
      4.3.2 Effet de la diffusion inélastique 92
      4.3.3 Effet de la variation de la section efficace macroscopique
      en fonction de l'épaisseur 92

CHAPITRE 4
ANALYSE D'ERREURS EN TOMOGRAPHIE NEUTRONIQUE À TRANSMISSION

1 Les erreurs en Tomographie neutronique à transmission 97
2 Sources d'erreurs et procédures de correction 99
   2.1 Erreurs dues au bruit de la caméra et au courant noir 99

2.2 Erreurs dues à la contamination gamma et aux fluctuations du faisceau neutronique d'exploration 99
    2.2.1 Contamination gamma du faisceau neutronique 99
    2.2.2 Stabilité du réacteur pendant fonctionnement 101
    2.2.3 Uniformité et Homogénéité spatiale du faisceau 103
  2.3 Erreurs dues à l'insuffisance des données de projection 105
  2.4 Bruit dans l'image à reconstruire par la méthode FBP 116
    2.4.1 Cas continu 116
    2.4.2 Cas discret 119
3 Autres sources d'erreurs 124

Conclusions 125
Bibliographie 129

PRÉFACE

Tomographie Neutronique
Principe, Effet du Durcissement du Spectre et Analyse d'Erreurs

F. Kharfi

Le mot Tomographie vient des mots grecs « tomos » qui signifie couche ou bien coupe et « graphie » qui signifie écrit ou bien dessiné. L'objectif de la Tomographie est la détermination de la structure interne d'un objet dont on a un ensemble de vues, ou de projections radiographiques. La médecine, est à l'origine du développement des premières applications de la tomographie. Dans l'industrie, la tomographie est utilisée en contrôle non destructif (CND) pour l'examen des soudures et des matériaux composites, ou encore pour la surveillance des structures sensibles comme celles des centrales nucléaires.

A l'origine de la méthode de reconstruction d'image d'objet à partir de ses projections (Tomographie) se trouvent les travaux de Radon sur la détermination des fonctions à partir de leurs intégrales selon certaines directions (1917). En 1956, Bracewell a démontré la relation entre la transformée de Fourier et la transformée de Radon qui est à l'origine de l'algorithme de reconstruction d'images par la méthode de rétroprojection filtrée (FBP). Ce n'est qu'en 1963 que les premières applications de la tomographie médicale ont été accomplies par l'utilisation des rayons X. Les principaux résultats de l'époque sont dus à Kuhn pour l'obtention des premières images tomographiques par rétroprojection simple et Cormack pour l'application des travaux de Radon aux acquisitions par rayons X. A partir de 1970, les premières images de tomodensitométrie furent publiées et on commence la mise au point des premiers scanners aux rayons X.

Les neutrons ainsi que d'autres types de rayonnements électromagnétiques et particulaires furent, par la suite, exploités comme faisceaux d'exploration pour le développement de plusieurs techniques et modalités de tomographie. Les principales modalités, actuellement utilisées dans divers domaines de l'industrie et de la science, sont: la tomographie aux rayons X, la tomographie aux neutrons, la tomographie aux électrons (microscope électronique), la tomographie par résonance magnétique nucléaire (IRM) et la tomographie par émission de positrons (PET). Dans cet ouvrage, on s'est intéressé à la Tomographie à transmission utilisant un faisceau de neutrons pour l'exploration de la matière.

Avant de se lancer dans l'application d'une technique d'imagerie pour l'exploration d'un objet, il est primordiale d'étudier et de comprendre en détails sa théorie et son principe de base, et ce, pour mieux appréhender ses avantages et connaitre ses limites. Dans ce livre un espace suffisant est consacré pour la présentation des principes et des fondements mathématiques des différentes techniques d'imagerie neutronique. Pour le cas de la tomographie neutronique, la méthode analytique de rétroprojection filtrée (FBP) est la plus utilisée pour la reconstruction 2D d'images en mode de transmission. Les méthodes algébriques (itératives) sont de plus en plus appliquées du fait de l'avancement considérable qu'a connu l'informatique associée (calculateurs) mais elles n'arrivent toujours pas à défier la rapidité et l'excellent rapport signal-sur-bruit de la FBP. Toutefois, il est à signaler que les algorithmes itératifs arrivent quand même à mieux réduire les artefacts de raies et présentent de plus fortes possibilités en termes de quantification par rapport à la FBP. Différentes phases pratiques interviennent dans la projection et la reconstruction 2D d'images en Tomographie neutronique à transmission par la méthode FBP, à savoir : l'exposition au faisceau neutronique, l'acquisition des projections, l'élimination des spots blancs, le redimensionnement des projections, le filtrage, la génération et le filtrage des sinogrammes, la reconstruction 2D des coupes de l'objet et finalement la génération du volume 3D. Ces étapes sont à appliquer avec le plus grand soin et ce, pour la reconstruction d'un volume 3D riche en détails et peu bruité. Toutes ces étapes sont étudiées dans ce livre.

Depuis leur découverte, les différentes techniques d'imagerie neutronique statique, dynamique et tomographique ont été exploitées pour l'investigation et l'inspection qualitative de la matière à travers l'analyse visuelle des images produites. Le développement qu'ont connus les instruments et les logiciels d'acquisition et de traitement d'image a rendu l'exploitation quantitative d'image neutronique possible et très bénéfique. Dans un premier temps, l'image analogique obtenue sur film radiographique a pu être utilisée pour l'extraction de données quantitatives et la détermination de certains paramètres physiques et ce, à travers la mesure d'une quantité caractérisant le degré noircissement du film appelée « Densité Optique ». Toutefois, les limitations dues à la linéarité très limitée de la réponse du film et à son intervalle dynamique très réduit ont altérées son exploitation pour études quantitatives approfondies. L'arrivée de l'image digitale ainsi que les systèmes de détection électroniques ont permit de pallier à cet inconvénient par leur très bonne linéarité et leur rang dynamique assez important. Dans cet ouvrage, en plus de la présentation de la neutronographie et de la tomographie neutroniques à transmission, il sera aussi question de caractériser la transmission neutronique de certains matériaux et de mettre en évidence et d'étudier l'effet de durcissement du spectre neutronique en exploitant l'image neutronique digitale. Cet effet se manifeste suite au passage des neutrons à travers des matériaux fortement absorbant. Il influe considérablement sur l'exactitude et l'interprétation du volume 3D de l'objet reconstruit par tomographie neutronique. Une approche assez originale avec une procédure expérimentale pour l'estimation de la densité surfacique de l'élément absorbant sont décrites dans cet ouvrage.

La bonne exploitation des données de projection passe nécessairement par une bonne estimation des erreurs et le développement de procédures spécifiques

Préface

pour leur élimination ou, dans le cas échéant, leur réduction. L'analyse des erreurs de mesure en tomographie neutronique exige l'étude du processus de formation d'image dans ses aspects physique ou informatique. Ce processus s'étale depuis l'exposition de l'objet au faisceau neutronique d'exploration jusqu'à la génération du volume 3D par la méthode FBP. Le système de détection utilisé, ici, pour l'acquisition des images neutroniques est à base d'écran scintillateur (LiF-ZnS(Ag)) et de caméra CCD. Les contraintes affectant le signal image et qui contribuent à l'amplification des erreurs et du bruit, sont : la contamination gamma du faisceau neutronique, la géométrie de collimation du faisceau neutronique, la fidélité de la conversion des neutrons en lumière au niveau du scintillateur et l'efficacité quantique de détection de la lumière par l'élément CCD. Pour chaque étape du processus de tomographie, il est nécessaire de procéder à la correction des erreurs qui peuvent être induites sur l'image finale.

Cet ouvrage est subdivisé en quatre chapitres. Dans le premier chapitre, sont présentés en détails les principes de base, les systèmes de détection et les applications des différentes méthodes d'imagerie neutronique que ce soit statique et dynamique.

Le principe de la tomographie neutronique à transmission et ses méthodes de reconstruction d'images analytiques ou algébriques ainsi que les étapes pratiques de reconstruction d'image en tomographie neutronique par la méthode de rétroprojection filtrée (FBP) font l'objet du deuxième chapitre. En effet, c'est à travers un exemple pratique : tomographie d'un moteur électrique 6V, que toutes les étapes et les contraintes liées à la reconstruction d'image par tomographie neutronique à transmission sont présentés et analysées. Les expériences présentées dans ce premier chapitre ont été réalisées autour de l'installation de Tomographie de l'Institut Atomique « ATI » de Vienne, Autriche. Cette installation, qui est décrite dans ce chapitre, compte parmi les plus performantes en Europe en matière de stabilité du flux et d'uniformité du faisceau neutronique.

Dans le troisième chapitre, une étude qui concerne la transmission neutronique et l'effet du durcissement du spectre neutronique est présentée. Pour cette étude, les expériences nécessaires sont réalisées autour de l'installation de tomographie neutronique de l'ATI. Ces expériences ont comme objectifs l'étude de la transmission neutronique en fonction de l'épaisseur du matériau étudié et la mesure de la densité surfacique de l'élément absorbant en se basant sur une approche théorique originale. L'effet du durcissement du spectre du faisceau neutronique incident est mis en évidence et son interprétation est liée à la déviation de la section efficace macroscopique effective par rapport à celle tabulée pour une énergie neutronique moyenne de 0.025 eV. Une procédure expérimentale pour la caractérisation de la transmission neuronique à travers certains matériaux, faiblement : Aluminium, moyennement : Cuivre, Acier, et fortement : Acier inox boraté, absorbant aux neutrons est développée autour de l'installation de Tomographie de l'ATI. Cette procédure expérimentale développée est décrite en détails dans le troisième chapitre de cet ouvrage.

Les erreurs de mesure et le bruit du signal affectent négativement les données de projection et influent considérablement sur la qualité de l'image reconstruite. Les effets indésirables de ces erreurs et de ce bruit sur l'image finale sont étudiés théoriquement et caractérisés expérimentalement dans le quatrième chapitre. Ce dernier chapitre est donc réservé aux erreurs de mesure et au bruit entachant les projections en tomographie neutronique à transmission et à leurs procédures de traitement. Des procédures pratiques de correction de ces erreurs bien adaptées à la tomographie neutronique sont proposées dans le cadre de ce chapitre.

Fayçal Kharfi
Département de Physique
Faculté des Sciences
Université Ferhat Abbas de Sétif, Algérie

Liste des Figures

Fig.1.1: principe de base de la Neutronographie

Fig.1.2 : atténuation des neutrons

Fig.1.3. différentes parties d'une installation de Neutronographie

Fig.1.4 : Paramètres géométriques d'un collimateur légèrement divergent

Fig.1.5:atténuation du faisceau neutronique par un objet absorbant

Fig.1.6: plage de résolution spatiale et temporelle valables pour les différents type de détecteurs utilisés en Neutronographie (selon des conditions typiques sur faisceau $10^5 \leq \phi_{objet} \leq 10^8$ n/cm^2/s)

Fig.1.7: Principe de base de la Neutronographie de transfert

Fig.1.8 : graphe illustrant le processus de production d'image par neutronographie de transfert à travers la démonstration du processus d'activation et la décroissance du convertisseur

Fig.1.9: Principe de base de la Méthode du film détecteur de Trace

Fig.1.10 : capture des neutrons par le convertisseur et production du rayonnement secondaire.

Fig.1.11: composition d'un système de détection électronique

Fig.1.12: Echantillon de plaque borée mettant en évidence une inhomogénéité de la répartition du bore dans la matrice d'aluminium

Fig.1.13: Comparaison entre Neutronographie et Radiographie d'une résistance bobinée sous enveloppe métallique. Sur la Neutronographie on distingue nettement des ruptures sur les supports des résistances en matériaux organiques

Fig.1.14: Neutronographie d'une chaîne de transmission standardisée utilisée sur le lanceur Ariane. Contrôle de la liaison cordeau détonant de transmission et relais de transmission

Fig.2.1: principe de la tomographie : pour la prise des projections nécessaires aux différents angles, l'objet pivote autour d'un axe (rotation).

Fig.2.2: système typique de Tomographie Neutronique

Liste des Figures et des Tableaux

Fig.2.3 : projection en deux dimensions

Fig.2.4: relation entre transformée de Radon et transformée de Fourier (TCC)

Fig.2.5: valeurs mesurées dans le domaine fréquentiel des projections

Fig.2.6: rétroprojection filtrée. Les profiles des projections après filtrage sont rétroprojetés et sommés autour de θ

Fig.2.7: diagramme de la méthode rétroprojection filtrée

Fig.2.8 : projection et rétroprojection

Fig.2.9: installations de Neutronographie (NT-1) et de Tomographie (NR-2) de l'ATI

Fig.2.10: système d'irradiation et cellule d'exposition de l'installation de tomographie

Fig.2.11: structure du premier collimateur (In-pile)

Fig.2.12: image des projections superposées

Fig.2.13: résultat de soustraction de la première projection et de la dernière

Fig.2.14: exemples de projection originales (format: raw) et d'image dark Current et Open Beam

Fig.2.15: exemples de projection après conversion de format (raw à oct)

Fig.2.16: exemples de projection après redimensionnement

Fig.2.17: exemples de projections après filtrage

Fig.2.18: exemples de projections après normalisation

Fig.2.19: exemples de Sinogrammes

Fig.2.20: exemples de Sinogrammes filtrés

Fig.2.21: exemples de couches de l'image 3D reconstruite

Fig.2.22: image 3D reconstruite avec et sans artefacts dû au redimensionnement des projections

Fig.2.23: résultats de la coupe, segmentation, et marquage des différentes parties du volume 3D reconstruit (Moteur)

Fig.3.1: effet de Beam Hardeing sur un spectre de rayons X

Liste des Figures et des Tableaux

Fig.3.2: comparaison entre les valeurs tabulées (calculées) et celles mesurées de Σ en fonction de l'épaisseur

Fig.3.3: résolution numérique de F(u) en fonction de u

Fig.3.4 : variation de transmission neutronique en fonction de la densité surfacique du Bore dans l'échantillon en acier inox boraté

Fig.3.5: comparaison entre les sections efficaces macroscopiques Σ calculée et mesurée de l'échantillon en acier inox boraté en fonction de l'épaisseur

Fig.3.6 : variation théorique (calculée) de Σ en fonction de l'épaisseur (d) pour l'échantillon en acier inox boraté

Fig.3.7 : variation expérimentale et théorique de la densité surfacique du Bore (ρ_s) en fonction de l'épaisseur (d) dans l'échantillon étudié

Fig.3.8: estimation théorique du spectre du faisceau incident après la traversée de 1 cm dans les différents échantillons étudiés en tenant compte seulement de la diffusion élastique.

Fig.3.9 : shift en énergie en fonction de l'épaisseur de l'échantillon

Fig.3.10 : shift en énergie d'un spectre Maxwellien pour 1cm d'épaisseur

Fig.3.11 : variation en profondeur de la transmission neutronique pour un échantillon d'acier inox baraté de 1 cm d'épaisseur

Fig.4.1 : trois images DI pour un temps d'exposition de 40s

Fig.4.2 : projections originales N° 50, 100 et 200

Fig.4.3 : projections filtrées N° 50, 100 et 200

Fig.4.4 : quelques exemples de lignes de profiles mesurés sur quelques projections

Fig.4.5 : variation de l'intensité du faisceau neutronique en fonction du temps

Fig.4.6 : image du faisceau direct (Open Beam)

Fig.4.7: illustration 3D de la variation du niveau de gris de l'image « Open Beam »

Fig.4.8 : ligne de profile de la section du faisceau neutronique

Fig.4.9 : superposition de toutes les projections

Fig.4.10 : densité des valeurs mesurées dans le domaine fréquentiel

Fig.4.11 : résultat de la reconstruction 2D d'un objet et génération d'artefacts

Fig.4.12 : objet simulé

Fig.4.13 : images reconstruites (N=64, P variable de 64 à 512)

Fig.4.14 : images reconstruites (N=128, P variable de 64 à 512)

Fig.4.15 : images reconstruites (N=256, P variable de 64 à 512)

Fig.4.16 : images reconstruites (N=512, P variable de 64 à 512)

Fig.4.17 : le filtre idéal $|\omega|$ et quelques fonctions de filtrage

Fig.4.18 : un faisceau neutronique de largeur τ traversant une section d'un échantillon

Liste des tableaux

Tableau1.1 : propriétés d'atténuation neutronique du bismuth et du plomb

Tableau1.2 : principaux détecteurs utilisés en Neutronographie

Tableau 1.3 : comparaison entre les principales propriétés des différents systèmes de détection

Tableau 1.4 : principaux matériaux utilisées comme convertisseurs

Tableau 2.1: caractéristiques de l'installation de tomographie de l'ATI

Tableau 2.2: caractéristiques du système de détection

Tableau 2.3: Matériel utilisé et conditions expérimentales

Tableau 3.1: valeurs tabulées de μ, Nc et α

Tableau 3.2: épaisseurs des échantillons et temps d'exposition

Tableau 3.3: Transmission neutronique de l'acier inox boraté en fonction de l'épaisseur

Tableau 3.4: déplacement en énergie moyenne par rapport au spectre du faisceau incident après traversée d'un 1cm d'épaisseur dû à la diffusion.

Tableau 3.5 : échantillonnage et valeurs des transmissions en profondeur

Tableau 4.1 : conditions de simulation tomographique

CHAPITRE 1

Neutronographie Statique et Dynamique

F. Kharfi

1 Principe de la Neutronographie

La neutronographie est une technique de contrôle non destructif analogue à la radiographie X ou gamma, la seule différence se situe au niveau des conditions d'interaction et de détection [1]. Comme avec les rayons X, il est possible de produire des images qui mettent en évidence la structure interne et la composition d'un objet en l'exposant aux neutrons. Le principe de base de la Neutronographie est illustré sur la figure 1.1 [2].

Dans cette technique d'examen, un objet est soumis à l'action d'un faisceau de neutrons. Les diverses parties de ce dernier, selon leurs compositions, atténuent le faisceau en diffusant ou en absorbant les neutrons. Après cette atténuation, le faisceau de neutrons aura une distribution d'intensité représentative de la structure interne de l'objet à radiographier. Comme les neutrons sont des particules neutres, il est difficile de les détecter directement. La plupart des instruments de détection des neutrons sont basés sur une réaction nucléaire au terme de laquelle il y a production de particules, de rayonnements ionisants, ou de lumière ; ce rayonnement secondaire, lui, est détectable. Le même principe est utilisé en neutronographie pour former l'image de l'objet. Le rayonnement secondaire est émis par un "écran" qui est rayons X. A partir de 1970, les premières images de tomodensitométrie furent publiées et on commence la mise au point des premiers scanners aux rayons X. une plaque mince absorbante de neutrons placée après l'objet sur leur trajectoire. Le rayonnement secondaire est détecté par un film photographique s'il s'agit d'un rayonnement ionisant de type bêta ou gamma (I) ou par des moyens électroniques (camera CCD[1], scanner à laser ou autres) s'il s'agit de la lumière (II) [1].

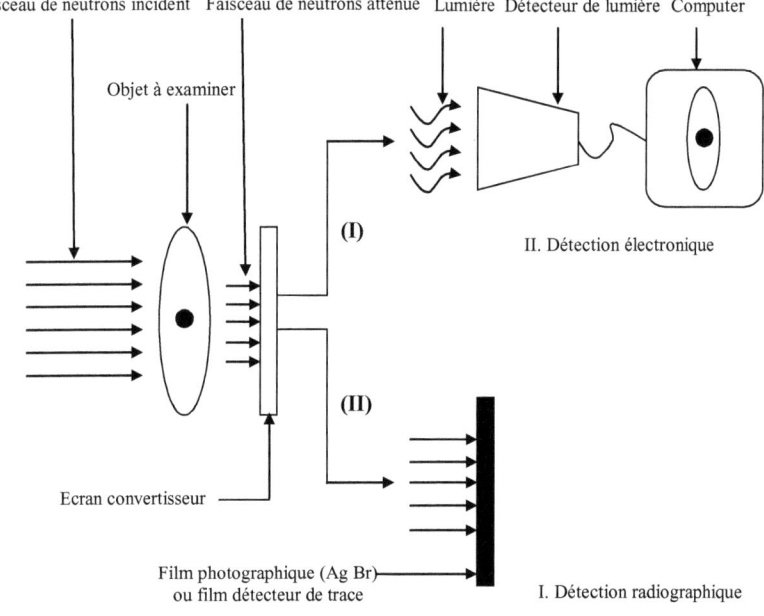

Fig.1.1: Principe de base de la Neutronographie

Toutes les méthodes de radiographie par transmission utilisant des rayons X, des rayons gamma ou des neutrons sont basées sur le principe de l'atténuation de ces radiations par la matière. Il s'agit, principalement, de placer l'objet à radiographier en face du faisceau incident. Après atténuation, le faisceau émergeant, qui est porteur d'informations, est détecté par un détecteur qui enregistre la fraction du faisceau initial qui a été transmise par chaque point de l'objet. Chaque inhomogénéité, défaut, lacune ou porosité dans la structure

---

[1] CCD: Charge Coupled Device

interne de l'objet sera, par conséquent, révélée grâce aux changements d'intensités qu'elle induit dans le faisceau initial. Autrement dit, le faisceau émergeant aura, après atténuation à travers la matière, une distribution d'intensités représentative de la structure interne de l'objet. Comme c'est montré sur la figure 1.2, le changement d'intensités obéit à la loi de base, exprimant l'atténuation des radiations à travers la matière, qui donnée par [2] :

$$I = I_0 . e^{-\mu . x} \qquad (1.1)$$

I_0: intensité du faisceau incident;
I: intensité du faisceau après avoir traversé une distance x dans la matière;
μ: coefficient d'atténuation dépendant essentiellement de la matière traversée.
Cette loi exprime que l'atténuation relative est liée à la couche traversée x. Le facteur d'atténuation linéique μ est une caractéristique des matériaux composants l'objet. Il traduit la probabilité d'interaction des neutrons avec les noyaux par unité de longueur.

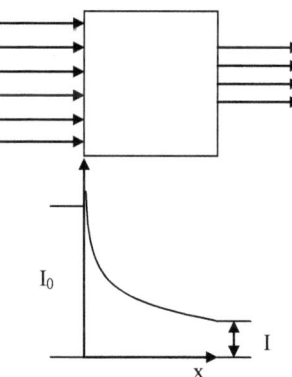

Fig.1.2 : atténuation des neutrons

Dans le cas des neutrons, le facteur d'atténuation linéique μ est appelé « section efficace macroscopique totale d'interaction Σ » et est exprimée en [cm^{-1}]. La section efficace macroscopique totale peut être déterminé à partir de la section efficace microscopique d'interaction σ. La section efficace microscopique σ est la probabilité d'intéraction par atome, elle est spécifique pour chaque élément de la table périodique et varie d'une façon aléatoire d'un élément à un autre. La section éfficace macroscopique Σ est donnée en fonction de σ par la relation suivante [2]:

$$\Sigma = \frac{N.\rho.\sigma}{A} \quad (1.2)$$

N: nombre d'avogadro;

ρ: densité de masse de l'élment considéré(g/cm^3);

A: masse atomique de l'élément.

Le processus d'interaction (neutrons/matière) est essentiel dans l'imagerie neutronique, mais il y a d'autres processus qui sont aussi importants comme celui de la conversion des neutrons en partciules ionisantes ou en lumière. Pour la présentatrion méthodologique des fondements mathématiques et physiques de la neutronographie, il est primordial d'aborder par ordre de manifestation (apparition) tous les processus intervenant dans la production d'image suivant le sysème de détection utilisé.

En résumé et comme il a été indiqué sur la figure 1.1, la neutrongraphie nécessite trois éléments essentiels:

- un faisceau de neutrons thermiques le plus uniforme et le plus homogène que possible;
- un objet à radiographier présentant un interet particulier pour être radiographier par des neutrons;
- un système de détection prompt (électronique) ou latent (radiographique).

2 Fondements Physiques et Mathématiques de la Neutronographie

2.1 Principales Parties d'une installation de Neutronographie

Quelque soit la méthode de détection utilisée les installations de Neutronographie possèdent, pratiquement toutes, les mêmes parties [1], à savoir (Fig.1.3) :

1. une source de neutrons ;
2. un filtre gamma (nécessaire pour quelques méthodes de détection);
3. un système de collimation du faisceau de neutrons
4. un système de détection selon la méthode utilisée ;
5. un Beam-Catcher;
6. une cellule d'exposition.

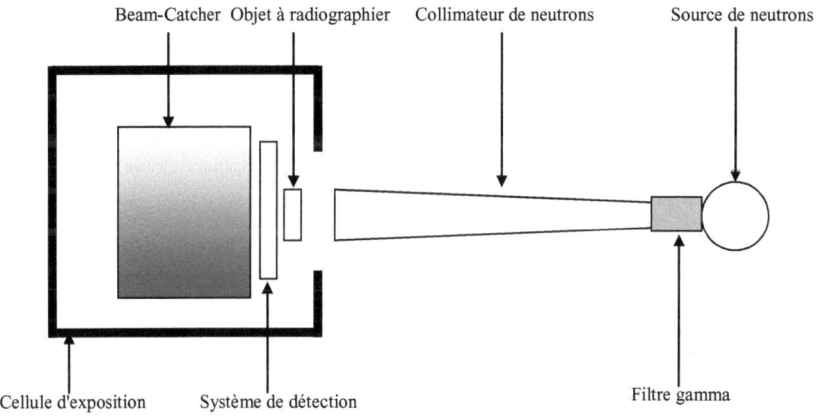

Fig.1.3. différentes parties d'une installation de Neutronographie

2.2 Caractérisation des différentes parties d'une installation de Neutronographie

2.2.1. Source de neutrons

Un flux de neutrons est généralement caractérisé, suivant une direction donnée, par le nombre de neutrons traversant une unité surface par unité de temps [n/cm^2/s]. Le faisceau de neutrons nécessaire à la Neutronographie peut être généré par trois différentes sources de neutrons. Ces sources sont les suivantes[3]:

- ✓ **Les réacteurs nucléaires**: ils sont, de loin, les meilleures sources de neutrons pour la neutronographie. La plupart des réacteurs produisent des flux de neutrons thermiques allant de 10^{10} à 10^{14} n/cm^2/s [1]. Ces dernières intensités neutroniques permettent de réaliser des neutronographies d'objet en un temps suffisment petit (0.1 à 15 mn).

- ✓ **Les accélérateurs**: ils peuvent produire des flux de neutrons allant de 10^7 jusqu'à 10^{10} n/cm^2/s. Des limitations géométriques sont imposées à ce genre de source. Ces dernières imposent des limites sur les dimensions des objets à radiographier.

- ✓ **Les radioisotopes**: la source la plus envisageable pour la neutrongraphie est celle utlisant le californium-252 (^{252}Cf). Les neutrons produits par cette source sont à 2.3 MeV. Les flux produits par les sources radioisotopiques sont trop faibles. Pour cette raison, ces sources de neutrons ne sont utlisées que lorsqu'il s'agit d'applications où les conditions sur temps d'exposition et la résolution de l'image ne sont pas strcites.

Il est important de noter que cet ouvrage traite uniquement la neutrongraphie utilisant les neutrons thermiques (0.002 < E < 0.1 eV). Les sources sus-citéss produisent toutes des neutrons rapides d'énergies allant de 2 jusqu'à 14 MeV pour les réacteurs, de l'ordre de 5 MeV pour les accélérateurs (^{10}Be(d,n)^{10}B) et de l'ordre de 2.3 MeV pour le ^{252}Cf. Les neutrons, ainsi produits, nécessitent d'être modérés(thermalisés) avant d'être utlisés en neutronographie thermique. Les modérateurs les plus utlisés sont le graphite, l'eau et le polyethylene. Dans les réacteurs de recherche le recours à un thermaliseur de neutrons n'est pas indispensable du fait qu'une partie des neutrons de fission (rapides) est thermalisé au sein même du cœur du réacteur.

2.2.2. Filtre gamma

Certaines techniques de détection ne peuvent être utilisées sans l'élimination ou la réduction de l'intensité du rayonnement gamma accompagnant le faisceau neutronique d'exploration. Cette opération (réduction ou élimination du bruit de fond gamma) se réalise par le biais d'un filtre gamma. Le filtre est composé d'un matériau qui empêche le passage du rayonnement gamma et qui garantit, au même temps, une très haute transparence vis-à-vis des neutrons thermiques. Les matériaux les plus utilisés sont le Bismuth (mono ou polycristallin) et le plomb. Généralement, on utilise le bismuth sous sa forme monocristalline parce qu'il est le plus convenable [1]. Dans le tableau suivant, sont comparées les propriétés d'atténuation neutronique et photonique de ces deux matériaux [4]. On constate que le Bismuth transmet mieux les neutrons thermiques et atténue plus le rayonnement gamma que le Plomb.

Tableau1.1 : propriétés d'atténuation neutronique du bismuth et du plomb.

Propriétés	Plomb	Bismuth
Section efficace microscopique d'absorption (barn)	$0.17\ 10^{-3} \pm 0.002$	$32\ 10^{-3} \pm 2$
Section efficace microscopique de diffusion (barn)	$11 \pm 1b$	$9 \pm 1b$
Section efficace macroscopique totale (cm^{-1})	0.38	0.26
Epaisseurs de demi-atténuation des gammas ($E\gamma \approx 2\ Mev$)	0.136 cm	≈ 0.79 cm

Pour les techniques de détection photographique nécessitants l'utilisation d'un filtre gamma, il est toujours recommander que le rapport entre l'intensité du faisceau neutronique et l'intensité du rayonnement gamma (n/γ), au niveau du système de détection, soit supérieur à 10^5 neutrons par centimètre par millirem (n/cm^2/mrem) [1]. Cette condition est suffisante pour que considérer que la contribution du bruit de fond gamma est négligeable devant la contribution des neutrons dans la production de l'image. Le filtre gamma est généralement refroidi pour éviter sa fusion ou le changement de ses propriétés cristallines sous l'impact des neutrons et des radiations gamma.

2.2.3. Collimateur de Neutrons

Le spectre des neutrons produits au niveau du cœur d'un réacteur nucléaire, du fait de la présence du réflecteur et des autres matériaux de structure, s'étale de 10^{-3} eV jusqu'à 2 MeV. En général, le spectre neutronique est décomposé en quatre catégories [5] :

- Neutrons froids :   0.5 m eV < E_n^2 < 2 meV;
- Neutrons thermiques :   2 meV < E_n < 500 meV;
- Neutrons épithermiques :   500 meV < E_n < 1MeV;
- Neutrons rapides : E_n > 1 MeV.

Le faisceau de neutrons extrait du cœur et transporté dans l'un des canaux du réacteur est composé de ces différentes catégories de neutrons. Pour notre cas d'imagerie, on s'intéresse, uniquement, aux neutrons thermiques. En Neutronographie thermique le système de détection choisi est particulièrement sensible aux neutrons thermiques. Des neutronographies aux neutrons rapides, épithermiques ou froids sont aussi possibles mais avec des systèmes de détection bien appropriés. Les neutrons thermiques sont les plus utilisés en imagerie

---

[2] E_n : énergie cinétique du neutron

neutronique par ce que la majorité des éléments chimiques possèdent des sections efficaces d'interaction significatives dans cette région du spectre neutronique. Les Neutronographies aux neutrons froids épithermiques et rapides sont réservés pour des applications spécifiques.

Pour bénéficier d'un faisceau neutronique le plus uniforme et homogène que possible au niveau de l'objet à radiographier, il faut équiper le canal d'extraction des neutrons par un collimateur de neutrons. En effet ce dernier sert à la canalisation des neutrons en éliminant tous les neutrons qui dont la direction et en dehors d'un angle solide choisi. Un faisceau de neutrons peut être dirigé sur l'objet d'une façon parallèle ou avec une certaine divergence. Un faisceau de neutrons parallèle est un faisceau idéal pour la neutronographie. En Neutronographie, pour des raisons techniques et commerciales, il y a intérêt à augmenter la surface du champ de vision qui délimite la taille de l'objet pouvant être radiographié. Pour ce faire, la seule méthode d'usage est l'utilisation d'un collimateur de neutrons légèrement divergent [1]. La divergence du faisceau neutronique doit être la plus faible que possible pour éviter de provoquer la dégradation de l'image par l'apparition d'un flou sur les bords de l'objet. Un faisceau de neutrons, légèrement divergent, peut être caractérisé par les paramètres indiqués sur figure 1.4.

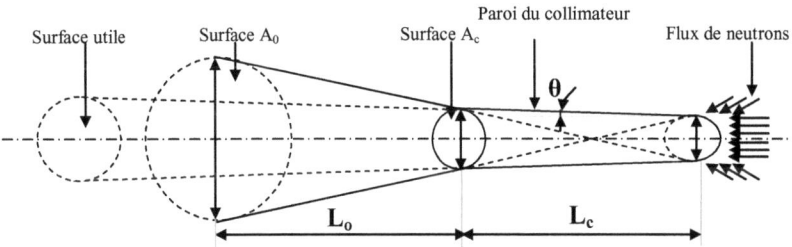

Fig.1.4 : Paramètres géométriques d'un collimateur légèrement divergent

Un collimateur de neutrons peut être de section transversale circulaire, carrée ou rectangulaire. Un collimateur de section circulaire et légèrement divergent est caractérisé par les grandeurs physiques suivantes :

- ✓ **Rapport de collimation (L/D)**: c'est le rapport entre la distance L qui sépare l'entrée du collimateur du système de détection et le diamètre d'entrée du collimateur D. Ce rapport influe directement sur l'intensité du flux neutronique à la sortie du collimateur. L'intensité neutronique à la sortie du collimateur est donnée, en fonction de l'intensité à l'entrée du collimateur, par la relation suivante [3] :

$$\frac{\Phi_o}{\Phi_s} = 16(L/D)^2 \qquad (1.3)$$

- ✓ **Angle de divergence** : il est donné par la formule suivante :

$$tg(\theta) = \frac{d_c - D}{2.L_c} = \frac{d_o - D}{2.L} \qquad (1.4)$$

d_c: diamètre de sortie du collimateur;

D : diamètre d'entrée du collimateur ;

L_c: longueur du collimateur.

D_u: diamètre de la surface utile d'exposition;

L: distance entre l'entrée du collimateur (source) et la position du système de détection.

D'après cette formule, l'angle de divergence influe sur les dimensions la surface d'exposition utile (taille maximale de l'objet à radiographier).

2.2.4. Objet à radiographier

L'objet à radiographier influ sur la faisabilité de la Neutronographie et sur la qualité d'image par sa nature et sa composition. Pour l'obtention d'une image de bonne qualité, la distribution spatiale d'intensité du faiseau neutronique émergeant de l'objet doit réflèter parfaitement la structure interne de l'objet.

L'interaction des neutrons avec la matière de l'objet se réalise, généralment, selon deux principaux mécanismes qui sont l'absorption et la diffusion des neutrons. L'objet à radiographier peut être soit un pure absobeur de neutrons ou un absorbeur et diffuseur de neutrons au même temps.

✓ **Objet absorbant**

Un objet parfaitement absorbant est définit comme étant un objet ou l'absorption est le mécanisme prédominant dans l'interaction des neutrons avec sa matière(diffusion negligée). Généralement, l'objet à radiographier est composé de plusieurs matériaux. Les neutrons dirigés sur l'objet peuvent subir des absorptions ou traverser l'objet sans aucune collisions avec ses noyaux (Fig.1.5).

La loi fondamentale d'interaction suggère que la diminution en intensité du faisceau neutronique par unité de ditance dans une direction donnée est constante pour le mécanisme d'absorption. Si, on considère une direction x par rapport à l'objet, l'expresion de diminution d'intesité du faisceau à travers l'objet suivant cette direction sera donnée par [3]:

$$\frac{d\Phi}{\Phi(x)} = -\Sigma_a(x)dx \qquad (1.5)$$

Σ_a: section efficace macroscopique d'absorption considérée au point de coordonée x.

Si l'objet est de composition multiélémentaire, cette grandeur est la somme des contributions des différents isotopes composants l'objet et sera donnée par [3]:

$$\Sigma_a(x) = \sum_i \sigma_{a,i} N_i(x) \qquad (1.6)$$

N_i est la densité du $i^{ème}$ isotope au point x et $\sigma_{a,i}$ est la section efficace microscopique d'absorption de cet isoptope.

La résolution de l'équation différentielle du premier ordre (1.5), permet de trouver l'expression du faisceau émergeant de l'objet ϕ_t en fonction du faisceau incident sur l'objet ϕ_o qui est donnée par [3] :

$$\Phi_t = \Phi_o \exp\left[-\int_0^x \Sigma_a(s)ds\right] \quad (1.7)$$

Si le milieu (objet) est homogène, $\Sigma_a(x)$ se réduit à une constante Σ_a et par conséquent l'expression du flux neutronique devient :

$$\Phi_t = \Phi_o \exp[-\Sigma_a.x] \quad (1.8)$$

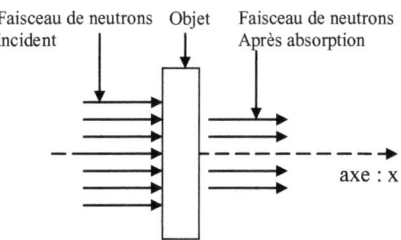

Fig.1.5:atténuation du faisceau neutronique par un objet absorbant

L'expression d'atténuation (1.8) peut être utlisée pour la déterminatrion d'une grandeur assez importante qui est l'épaisseur de demi-atténuation ($x_{1/2}$) du flux neutronique par l'objet à radiographier. Cette épaisseur représente l'épaissur de l'objet requise pour la reduction du flux neutronique incident de 50% par le procssus d'absorption. Ainsi, cette épaisseur est donnée par [3]:

$$x_{1/2} = \frac{\ln(2)}{\Sigma_a} \quad (1.9)$$

Les valeurs de Σ_a varie en fonction de la nature de l'élément absorbant. La distance de demi-atténuation dépend aussi de la nature de l'absorbant. Elle peut varier d'une dizaine de microns pour les maétriaux fortement absorbant (5.10^{-4} cm pour le Gadolinium) jusqu'à des dizaines de centimètres pour certains matériaus faiblement absorbant [3].

✓ Objet absorbant et diffusant

Durant de l'interaction des neutrons avec certains types de matériaux, la diffusion peut ne pas être négligée définitivement. Dans ce cas, le matériau est qualifié d'absorbant et diffusant de neutrons. Les mécanismes d'absorption et de diffusion sont caractérisés par des sections efficaces macroscopiques qui sont données par [3] :

$$\Sigma_a(x) = \sum_i \sigma_{a,i} N_i(x)$$
$$\Sigma_s(x) = \sum_i \sigma_{s,i} N_i(x) \qquad (1.10)$$

Les indices a et s désignent l'absorption et la diffusion (scattering).

$\sigma_{a,i}$ et $\sigma_{s,i}$ sont les sections efficaces microscopiques de l'isotope i entrant dans la composition de l'objet à radiographier.

La section efficace macroscopique totale est la somme de ces deux sections efficaces.

$$\Sigma_{tot}(x) = \Sigma_a(x) + \Sigma_s(x) \qquad (1.11)$$

Tout en supposant que le milieu d'interaction est homogène, le faisceau émergeant qui n'aura pas interagit avec l'objet sera donnée par :

$$\Phi_{unc} = \Phi_o \exp\left[-\int_0^x \Sigma_{tot}(s)ds\right] \qquad (1.12)$$

Le flux de neutrons à une position x donnée dans l'objet se constitue des neutrons qui n'ont pas subis d'absorption en plus des neutrons qui ont subi uniquement des diffusions. Le flux total à une coordonnée x dans l'objet est, par conséquent, donnée par :

$$\Phi_{tot} = \Phi_{unc}(x) + \Phi_{sca}(x) \qquad (1.13)$$

Où :

$\phi_{unc}(x)$: la partie du flux incident qui n'as pas subi d'interaction(uncollided flux);

$\phi_{sca}(x)$: la partie du flux incident qui a subi uniquement des diffusions.

Généralement, dans les phénomènes d'interactions et plus particulièrement en neutronique, on utilise une fonction appelée "Build-up function" pour caractériser la diminution ou l'augmentation du flux à une position de coordonnée x. La fonction du Build-up est donnée par :

$$B(\Sigma_s, \Sigma_a, x) = \frac{\Phi_{tot}(x)}{\Phi_{unc}(x)} \qquad (1.14)$$

Par l'introduction de cette fonction, le flux diffusé peut être inclut dans l'expression du flux total en écrivant l'expression suivante :

$$\Phi_{tot} = \Phi_o . B(\Sigma_s, \Sigma_a, x) \exp\left[-\int_0^x \Sigma_{tot}(s) ds\right] \qquad (1.15)$$

Les valeurs de la fonction du "Build-up" sont, généralement, évaluées pour chaque élément de la table de Mendeleïev au moyen de codes de calculs appropriés ou bien expérimentalement.

Pour les éléments possédants des sections efficaces de diffusion assez importantes comme l'hydrogène, le silicium, le nickel et le cuivre, les valeurs de leurs facteurs Build-up sont très significatives et contribuent considérablement à la dégradation de l'image.

3 Systèmes de détection utilisés en Neutronographie

La nature de la méthode de détection utilisée dépend essentiellement du système de détection. Les détecteurs utilisés en Neutronographie sont ceux capables de mesurer le champ neutronique en deux dimensions perpendiculairement à la direction du faisceau neutronique incident. Ainsi, les dimensions de la surface active du détecteur doivent être égales ou supérieures au diamètre de la section radiale du faisceau de neutrons. En neutronographie, Les limites de détection sont déterminées par les résolutions spatiale et temporelle du détecteur qui dépendent étroitement du type de système de détection utilisé. La figure 1.6 présente ces limites pour différents systèmes de détection [6]. Les propriétés inhérentes du détecteur sont, principalement, dictées par le processus de détection approprié qui se base sur la réaction nucléaire initiée par les neutrons.

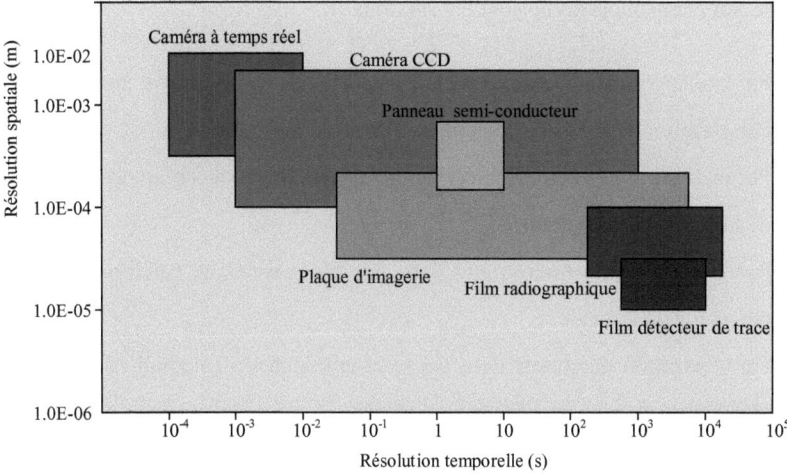

Fig.1.6: plage de résolution spatiale et temporelle valables pour les différents type de détecteurs utilisés en Neutronographie (selon des conditions typiques sur faisceau $10^5 \leq \phi_{objet} \leq 10^8$ n/cm^2/s)

Les neutrons, étant de charge nulle, sont incapables d'ioniser directement le milieu matériel qu'ils traversent. Pour la détection des neutrons, on exploite les rayonnements ionisants émis suite aux réactions de capture des neutrons dans des matériaux spécifiques. Les systèmes de détection de Neutronographie sont basés sur les réactions suivantes (pour les neutrons thermiques) [6] :

1. $^3He + {}^1n \rightarrow {}^3H + {}^1p + 0.77$ MeV
2. $^6Li + {}^1n \rightarrow {}^3H + {}^4He + 4.79$ MeV
3. $^{10}B + {}^1n \rightarrow {}^7Li + {}^4He + 2.78$ MeV (7%)
   $^{10}B + {}^1n \rightarrow {}^7Li^* + {}^4He + 2.30$ MeV $\rightarrow {}^7Li + {}^4He + \gamma$ (0.48 MeV) (93%)
4. $^{155}Gd + {}^1n \rightarrow {}^{156}Gd + \gamma + e^-$(CI)(7.9 MeV)
   $^{157}Gd + {}^1n \rightarrow {}^{158}Gd + \gamma + e^-$ (CI) (8.5 MeV)
5. $^{164}Dy + {}^1n \rightarrow {}^{165}Dy^* \rightarrow {}^{165}Ho + \beta^-$ (1.28 MeV), $T_{1/2}$= 139 mn, (37%)
   $^{164}Dy + {}^1n \rightarrow {}^{165}Dy^m \rightarrow {}^{165}Dy^*$ (T= 75s) $\rightarrow {}^{165}Ho + \beta^-$ (0.87 MeV), T= 75s, (63%)

Les méthodes de Neutronographie sont classées suivant les mécanismes de détection qui sont basés sur les réactions précédentes. Les processus de détection possibles en Neutronographie sont les suivants :

1. Par excitation d'un écran scintillateur (méthode dynamique à temps réel);
2. Par création d'un noircissement sur film (méthode directe et de transfert);
3. Par excitation des états électroniques métastables dans un cristal (méthode de la plaque d'imagerie);
4. Par la création de microtraces dans des films spéciaux (méthode du film détecteur de trace)
5. Par séparation de charge dans les semi-conducteurs (méthode du panneau plat à photodiodes en silicium amorphe)

Les méthodes et les systèmes de détection suivants (Tableau 1.2) ont été développés à partir des processus de détection décris précédemment, pour différentes applications de l'imagerie neutronique [6] :

Tableau 1.2 : principaux détecteurs utilisés en Neutronographie

Méthode conventionnelle directe et de transfert :
Le détecteur est composé d'un film à rayon X en contact avec un convertisseur de neutrons de type spécifique et ce, selon la méthode utilisée directe ou de transfert. L'excitation et le noircissement du film sont causés par le rayonnement secondaire émis par le convertisseur après capture neutronique.

Méthode dynamique à temps réel par caméra-CCD:
Le détecteur est une caméra CCD de haute sensitivité à lumière, le plus souvent refroidie et place derrière un écran scintillateur composé d'un absorbant de neutrons (Li-6 ou Gd) et d'un émetteur de lumière (ZnS).

Méthode dynamique à temps réel par caméra vidéo à trames :
Moyennant un intensificateur électronique de lumière, l'intensité de la lumière émise par le scintillateur peut être considérablement augmentée. Par cette méthode, l'utilisation d'une caméra à faible sensitivité est possible avec un très bon rapport de trames.

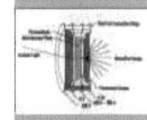

Méthode de la plaque d'imagerie :
Le détecteur est une plaque composée de Gadolinium et d'une matière phosphorique. L'électron de conversion émis par le Gd après capture neutronique crée un centre coloré (non révélé) dans la substance phosphorescente. L'image latente est, par la suite, révélée par un balayage Laser. La lumière laser (rouge) stimule les centres colorés emprisonnés qui commencent à émettre de la lumière bleue. Un photomultiplicateur et un filtre sont associés à ce scanner à laser pour l'amélioration de la qualité d'image.

Méthode du film détecteur de trace
Le film détecteur de trace est "gratté" par la particule créée lors du processus de capture du B-10 sous l'impact des neutrons thermiques. Ces petites traces créées sont élargies par un traitement chimique du film dans une solution alcanoïque. Ainsi, une image macroscopique se forme. Cette image peut être digitalisée par le recours à des moyens d'optique (scanner à transmission).

Méthode du détecteur à panneau plat
Ce panneau est composé de plusieurs rangées de photodiodes fabriquées en silicium amorphe. Il peut fournir, directement, une image digital de l'objet sans avoir recours à l'intensification optique de lumière comme pour le cas de la plupart des cameras vidéo. Ce type de détecteurs a l'inconvénient d'être de courte durée de vie par rapport aux autres.

Les propriétés les plus importantes des systèmes de détection utilisés en Neutronographie sont résumées dans le tableau suivant [6] :

Tableau1.3 : comparaison entre les principales propriétés des différents systèmes de détection.

	Convertisseur + Film	Scintillateur + Caméra CCD	Plaque d'imagerie	Panneau plat
Résolution spatiale en µm	20 - 50	100 - 500	25 - 100	127 - 750
Temps d'exposition typique	5 min	10 s	20 s	10s
Champ de vision typique	18cm x 24cm	25cm x 25cm	20cm x 40cm	30cm x 40cm
Nombre de pixels par ligne (conditions optimales)	4000 (après un scan)	1000	6000	1750
Gamme dynamique	10^2 (non-linéaire)	10^5 (linéaire)	10^5 (linéaire)	10^3 (non-linéaire)
Format digital	8 bits	16 bits	16 bits	

NB: ces propriétés sont propres à l'image finale digitalisée.

4 Principales Méthodes et Détecteurs de Neutronographie

Parmi toutes les méthodes de neutronographie possibles quelques-unes seulement sont utilisables d'une façon régulière et ce, pour des raisons de simplicité et du fait du coût relativement raisonnable de leurs systèmes de détection. Dans les prochaines sections sont détaillés les principes des méthodes les plus utilisées en neutronographie.

4.1 Méthodes Conventionnelles
4.1.1 Méthode Directe

La méthode de Neutronographie directe consiste à exposer simultanément, aux neutrons, un film radiographique avec un convertisseur de neutron. Elle n'est pas applicable si l'objet à examiner est radioactif du fait que le rayonnement émis par ce dernier provoquera une surexposition du film radiographique. Le convertisseur le plus utilisé est le Gadolinium. L'inconvénient de cette technique est qu'elle nécessite l'utilisation d'un filtre gamma pour la réduction du bruit de fond gamma nuisible au film. Par contre, elle offre l'avantage de permettre l'obtention d'une image de l'objet d'une façon rapide (quelques minutes) avec une bonne résolution [1].

4.1.2 Méthode de Transfert

Dans cette méthode, seul le convertisseur est exposé au faisceau neutronique derrière l'objet à radiographier. Après exposition, le convertisseur doit garder son activité suffisamment de temps pour en être transféré vers une chambre noire où il sera mis en contact avec un film radiographique. Le transfert de l'image d'origine radioactive se fait au fur et à mesure de la décroissance radioactive du convertisseur. Les convertisseurs les plus utilisés sont à base de Dysprosium ou d'Indium. L'image latente, d'origine radioactive, transférée au film radiographique par le simple processus de mise en contact est, par la suite, révélée par un procédé de développement chimique. Cette méthode est très recommandée lorsque l'objet à radiographier est radioactif. Elle a aussi l'avantage de ne pas nécessiter l'utilisation d'un filtre gamma [1]. Les différentes étapes du procédé de production d'image par cette méthode (Fig.1.7) sont les suivantes [1]:

1. Exposition au faisceau neutronique : dans cette étape, le convertisseur de neutrons est placé dans une cassette en Aluminium. Cette dernière sera mise juste derrière le porte-échantillon en face du faisceau incident. Le temps d'exposition T_e est fixé en fonction de l'intensité du faisceau neutronique disponible et de l'épaisseur de l'échantillon à radiographier.

2. Refroidissement radioactif du convertisseur : après exposition, le convertisseur est refroidit pendant un temps T_r jusqu'à ce que son activité gamma atteint à un seuil une valeur acceptable permettant son transfert vers la chambre noire.

3. Transfert et mise en contact du convertisseur avec un film radiographique : une fois le convertisseur refroidit, il est transféré dans la cassette d'exposition vers la chambre noire où il sera mis en contact avec un ou plusieurs films radiographiques. Souvent l'opération de mise en contact se fait sous vide et ce, pour l'amélioration de l'adhésion entre le film et le convertisseur et par conséquent garantir un transfert optimal de l'image radioactive vers le film.

4. Transfert de l'image du convertisseur vers le film : le transfert de l'image radioactive se fait pendant la décroissance du convertisseur. Le temps de mise en contact T_C dépend de la qualité du film et du temps d'exposition. A la fin de ce processus une image latente sera aggravée sur le film.

5. Révélation de l'image : l'image latente aggravée sur le film est révélée par un procédé chimique de développement d'image. La révélation de l'image se fait par la baignade successive du film radiographique dans une solution basique (révélateur d'image) puis dans l'eau pour mettre fin à l'action du révélateur et enfin dans une solution acide (fixateur d'image) pour la fixation de l'image. Toutes ces opérations sont faites sous des conditions spécifiques et normalisées en termes de temps et de température.

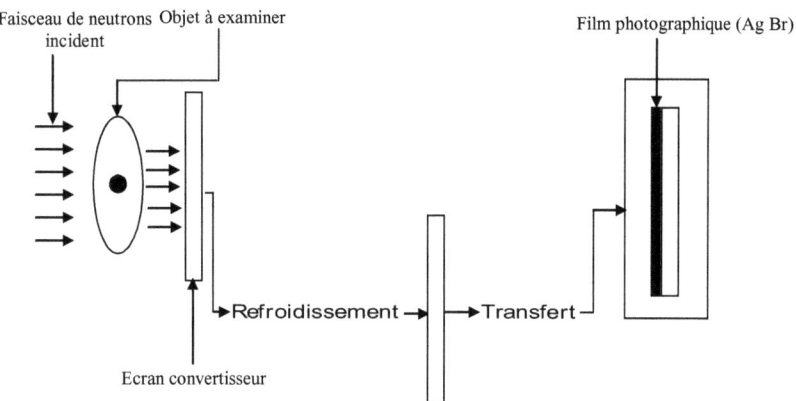

Fig.1.7: Principe de base de la Neutronographie de transfert

Le mécanisme de production d'image en neutronographie de transfert est basé sur le phénomène d'activation et de décroissance du convertisseur en fonction du temps. Comme il est indiqué sur la figure 1.8, le convertisseur est exposé pendant un temps T_e jusqu'à ce son activité atteint niveau optimal requis pour le rayonnement secondaire émis qui est généralement de type beta. Le convertisseur est ensuite refroidi pendant un temps T_r jusqu'à ce que l'intensité du rayonnement émis atteint la valeur $I(t_1)$. A partir de ce point d'intensité $I(t_1)$, le convertisseur est mis en contact avec le film. L'exposition **E** du film au rayonnement ionisant nécessaire pour la l'aggravation de l'image sur le film (surface hachurée) est calculé par la relation suivante [3] :

$$E = \frac{I(t_1)}{\lambda}\left[e^{-\lambda t_1} - e^{-\lambda t_2}\right] \qquad (1.16)$$

λ: constante de désintégration du convertisseur.

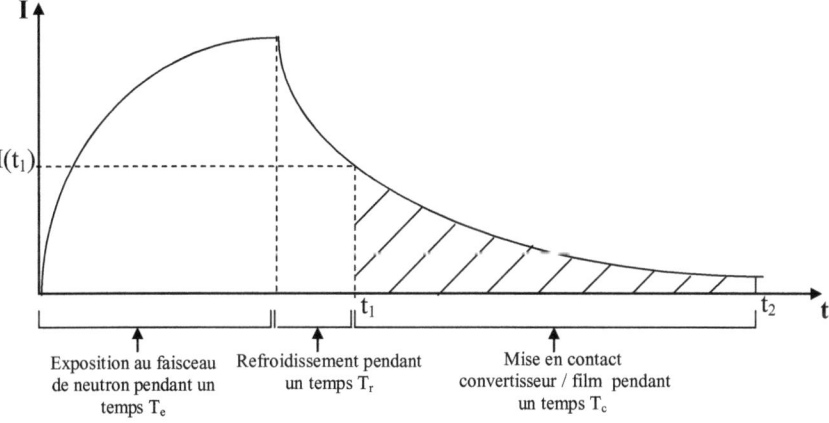

Fig.1.8 : graphe illustrant le processus de production d'image par neutronographie de transfert à travers la démonstration du processus d'activation et la décroissance du convertisseur

4.1.3 Méthode du film Détecteur de Trace

Pour neutronographier des objets radioactifs, des films à base de nitrocellulose peuvent être utilisé pour une imagerie directe. Ce détecteur est à base de matériau diélectrique qui peut détecter des particules chargées à travers l'enregistrement de leurs empreintes radioactives. Les particules chargées sont produites sur un écran convertisseur émetteur alpha (α) sous l'effet des neutrons.

La trace radioactive est révélée par l'immersion du film dans une solution d'Hydroxyde de sodium (contenant 10% de NaOH, pendant 45minutes et à 50°c) [1]. Le film en nitrocellulose est mis en sandwich entre deux écrans convertisseurs émetteurs α et le tout est placé en face du faisceau de neutrons incident derrière l'objet à radiographier (Fig. 1.9). Ce système de détection est insensible au rayonnement gamma et à la lumière du jour. L'opération d'exposition et de développement du film peut donc se faire sous la lumière du jour.

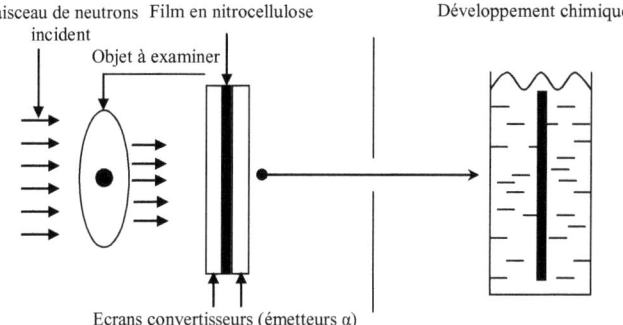

Fig.1.9: Principe de base de la Méthode du film détecteur de Trace

4.2 Méthode Dynamique à temps réel ou quasi-réel

Une neutronographie dynamique à temps réel ou quasi-réel consiste à visualiser des événements dynamiques par un détecteur approprié soumis à l'action d'un faisceau de neutron. Le détecteur est composé d'un scintillateur et d'une caméra vidéo (à trames ou de type CCD). L'image est enregistrée à la cadence vidéo désirée et éventuellement analysée par des méthodes numériques pour extraire les informations pertinentes [1].

4.3 Systèmes de Détection utilisés en Neutronographie

Cette description porte seulement sur les deux principaux systèmes de détection les plus utilisés en Neutronographie, à savoir : le système de détection photographique propre aux méthodes directe et de transfert et le système de détection électronique à base de caméra CCD et d'écran scintillateur utilisé en neutronographie dynamique à temps réel ou quasi-réel.

4.3.1 Système de détection photographique

Le formalisme mathématique qu'on va développer est valable uniquement pour les techniques de détection conventionnelles utilisant des films radiographiques pour la détection des images. Les principales caractéristiques d'un système de détection utilisé en neutronographie sont ceux qui gouvernent la qualité et la vitesse d'obtention de l'image. Comme il a été déjà décrit, la détection photographique utilise un convertisseur de neutron placé juste derrière l'objet à radiographier. L'écran convertisseur est mis directement en contact avec un film radiographique ou indirectement (par transfert) et ce, selon la méthode de neutronographie utilisée. Les caractéristiques de ces deux parties du système de détection photographique sont les suivantes :

1. Convertisseurs de neutrons

Les films radiographiques ne sont pas sensibles aux neutrons. Pour les méthodes de neutronographie conventionnelles, la conversion des neutrons en un rayonnement ionisant est indispensable pour l'impression de l'image sur le film radiographique. Une caractérisation du l'écran convertisseur s'avère donc indispensable pour élucider son influence sur le processus globale d'obtention d'image par neutronographie conventionnelle.

Le convertisseur de neutrons utilisé en neutronographie est à base d'un matériau fortement absorbant aux neutrons. Il se présente sous forme de feuille mince (~100µm d'épaisseur) avec des dimensions qui couvre intégralement le champ de vision [1]. Son rôle est de convertir le faisceau de neutrons porteur d'informations sur la géométrie et de structure de l'objet émergeant de l'autre coté en un rayonnement ionisant capable d'aggraver ces informations sur le film radiographique (Fig.1.10). L'aggravation de l'image peut se faire d'une manière prompt dans le cas de l'utilisation de la méthode de neutronographie dite "Directe" ou d'une manière différée si la méthode dite de transfert était utilisée. Le rayonnement secondaire émis peut être des photons gamma, de particules bêta, de particules alpha ou des électrons de conversion interne et ce, selon le type du convertisseur utilisé. Le flux du rayonnement secondaire émis est donné par [3] :

$$\Psi = \varepsilon_1 \Sigma_a \Phi_t \int_{x_0}^{x_1} \exp[-\Sigma_a(x_i - x_0)]\exp[-\mu(x_i - x_0)]dx_i$$
$$= \frac{\varepsilon_1 \Sigma_a \Phi_t}{(\Sigma_a + \mu)}\{1 - \exp[-(\Sigma_a + \mu)(x_1 - x_0)]\} \quad (1.17)$$

ε_1 : constante de proportionnalité,

μ: paramètre d'atténuation effective du rayonnement secondaire dans le convertisseur,

ϕ_t: flux neutronique transmis à travers l'objet,

Σ_a: section efficace macroscopique d'absorption du convertisseur.

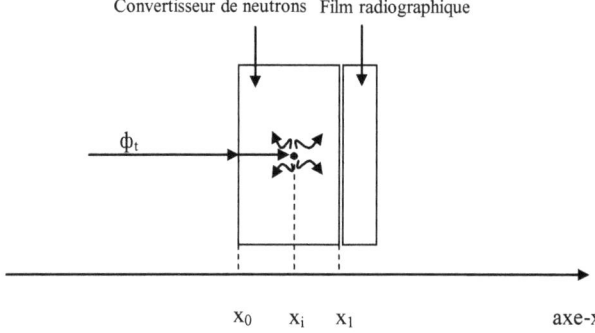

Fig.1.10 : capture des neutrons par le convertisseur et production du rayonnement secondaire.

L'expression mathématique (1.17) caractérise l'intensité du rayonnement secondaire émis par le convertisseur qui a une grande influence sur le temps de mise en contact pour le transfert de l'image vers le convertisseur. Plus l'intensité du rayonnement secondaire est grande moins est le temps de mise en contact du film radiographique avec le convertisseur. Sur le tableau suivant sont présentées les caractéristiques des convertisseurs de neutrons les plus utilisés en Neutronographie conventionnelle [1].

Tableau 1.4 : principaux matériaux utilisées comme convertisseurs.

Matériau	σ_a	Σ_a	Réaction prédominante	Demi-vie du précurseur	Type et énergie du rayonnement ionisant
$_3Li^5$	945		(n,α)	Prompt	α, 2.05; 2.74 MeV
$_5B^{10}$	3837		(n,α)	Prompt	α, 1.47; Li, 0.84 MeV
$_{64}Gd$(naturel)	46000	1482	(n,γ)	Prompt	B$^-$; 70 keV
$_{66}Dy$(naturel)	950	32.4	(n,α)	2.3 h	B$^-$; 1.28 MeV
$_{49}In$ (naturel)	191	7.52	(n,γ)	54 mn	B$^-$; 1.00 MeV

Un convertisseur de neutrons est caractérisé par son épaisseur et sa vitesse. Pour fixer l'épaisseur du convertisseur il faut trouver un compromis entre la résolution spatiale de l'image et l'efficacité de détection des neutrons. En effet plus le convertisseur est mince plus la résolution spatiale bonne et moins est l'efficacité de détection. Par contre plus le convertisseur est épais plus l'efficacité de détection est bonne et moins bonne est la résolution spatiale.

2. Film radiographique

En neutronographie conventionnelle, on utilise des films radiographiques similaires à ceux utilisés en radiographie X. L'émulsion photosensible du film est à base de grains de bromure d'argent (AgBr) maintenu par la gélatine et le tout est déposé sur un support transparent en polyester. Ils existent aussi des films qui sont à base de nitrocellulose mais ils sont moins utilisés. La sensibilité et la définition des films radiographiques dépendent étroitement de la taille des grains de l'émulsion photosensible. Pour les grains sont fins la définition est bonne et la sensibilité du film est relativement faible. Par contre pour les gros grains la définition est faible et la sensibilité bonne. La qualité de l'image obtenue par neutronographie conventionnelle utilisant des films radiographiques est caractérisée par deux importants paramètres qui dépendent de la qualité du faisceau de neutronique d'exploration, à savoir :

1. **Flou géométrique** : c'est le relief aperçu sur les bords de l'image. Il affecte directement la résolution de l'image. Le flou géométrique U_g dépend du rapport de collimation L/D. Cette dépendance est donnée par [1] :

$$U_g = \frac{L}{D}.L_f \qquad (1.18)$$

L_f: distance entre l'objet à radiographier et le détecteur (film ou autres),

L : distance entre l'entrée du collimateur de neutrons et l'objet,

D : diamètre du diaphragme d'entrée du collimateur de neutrons.

2. **Temps d'exposition**

Pour les films radiographiques monocouches à grains fins, une fluence neutronique de l'ordre de 2×10^9 n/cm^2 est requise pour la production d'une densité optique moyenne de l'ordre de 2.5 [1]. Cette valeur de 2.5 de la densité optique du film indique que ce dernier a été bien exposé [7]. Pour atteindre la fluence neutronique désirée, il faut optimiser le temps d'exposition au faisceau de neutrons. La relation qui lie ces deux dernières grandeurs est la suivante [1] :

$$Fluence = \Phi_o.T_e \qquad (1.19)$$

ϕ_o: flux neutronique au niveau de l'objet à radiographier,

T_e: temps d'exposition au faisceau neutronique.

Quelque soit la méthode de détection conventionnelle utilisée (directe ou de transfert) le processus de transfert d'image du convertisseur au film se base sur le même principe. La seule différence réside dans le fait que le transfert est prompt dans la méthode directe et différée dans méthode de transfert [1].

Le processus de formation d'image sur le film radiographique commence par l'émission du rayonnement secondaire par le convertisseur. Ce rayonnement secondaire devra être absorbé par le film qui est mis en contact direct avec le convertisseur. Le rayonnement secondaire sert à la réduction des cations d'argent de l'émulsion photosensible pendant le temps de mise en contact T_c. Les grains touchés par le rayonnement secondaire sont à la base de l'image latente créée sur le film. Un procédé de développement chimique est nécessaire pour le prolongement de la réaction de réduction depuis l'atome d'argent initialement réduit à tous les atomes du grain où il se trouve et aussi pour la dissolution des grains non touchés. L'argent réduit se métallise sur le support transparent et induit un noircissement sur le film. Ce noircissement est quantifié à travers la mesure d'une grandeur optique appelée "densité optique" (D). Dans ce procédé, il faut tenir compte des points suivants [7] :

1. l'exposition totale du film au rayonnement secondaire émis par le convertisseur ;
2. la courbe caractéristique décrivant la réponse du film à cette exposition.

4.3.2 Système de détection électronique

En Neutronographie dynamique (détection électronique), le système de détection est composé d'un écran scintillateur, d'un miroir de réflexion de la lumière, d'un système de lentilles pour la focalisation de la lumière et d'une caméra CCD parfois associé à un intensificateur de lumière (Fig. 1.11). La qualité de l'image dépend des caractéristiques de ces différentes parties.

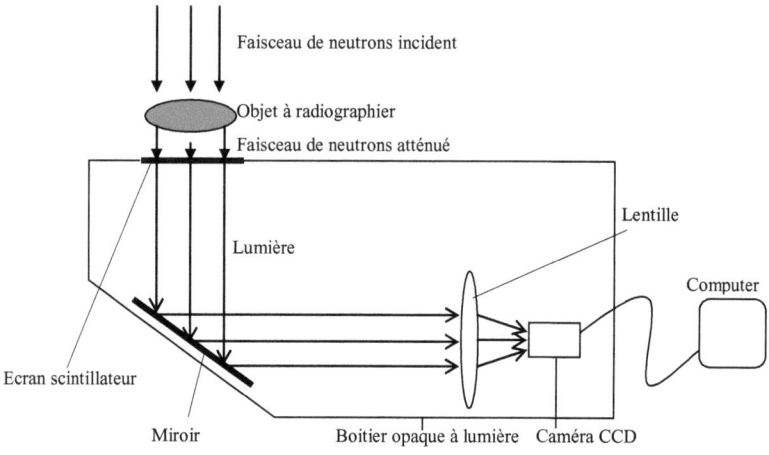

Fig.1.11: différente parties d'un système de détection électronique à base de caméra CCD.

1. Ecran scintillateur

L'écran scintillateur utilisé en Neutronographie dynamique est composé d'un matériau absorbant aux neutrons comme le Gadolinium, le Lithium ou le Bore et d'une matière fluorescente comme le sulfure de Zinc (ZnS). Les écrans scintillateur les plus utilisé en neutronographie dynamique sont ceux à base de sulfure de Zinc combiné au fluore de Lithium (ZnS(Ag)+LiF) manufacturés par Nuclear Entreprise Ltd sous la référence originale NE426 [8]. D'autres écrans scintillateurs ont été aussi envisagés comme ceux à base de gadolinium et d'oxysulphide $Gd_2O_2(Tb)$ manufacturés et commercialisés par 3M's Co.ltd sous la référence originale Trimax.2 [8]. Actuellement, des écrans scintillateurs de plus en plus performant sont disponibles sur le marché. L'efficacité d'un écran scintillateur se juge selon la qualité et l'intensité de la lumière émise sous l'impact du faisceau de neutrons. La sensitivité du système de détection optique dépend étroitement de la luminance de l'écran scintillateur. Sous l'impact des neutrons, l'écran scintillateur émis une lumière caractéristique dont l'intensité est donnée par [8]:

$$I_{light} = \Phi_t \varepsilon C \eta E_a \qquad (1.20)$$

ϕ_t: flux de neutrons transmis à travers l'échantillon ;
ε: la fraction des neutrons absorbés dans l'écran scintillateur ;
C: la fraction des neutrons, parmi ceux absorbés, qui produisent de la lumière ;
E_a: énergie lumineuse émise pour chaque neutron absorbé.
η: efficacité de conversion en énergie.

2. Miroir de réflexion

Pour la protection de la caméra contre les neutrons et les radiations gamma qui peuvent provoquer sa dégradation, cette dernière ne doit pas être placée sur l'axe du faisceau incident (Fig.1.11). En effet, une fois le faisceau de neutrons, émergeant de l'objet, est converti en faisceau lumineux, ce dernier est dirigé sur un miroir semi-réfléchissant placé à 45° par rapport à l'axe du faisceau de neutrons. La lumière réfléchie par le miroir est par la suite détectée par la caméra CCD qui est ainsi mise hors des champs neutronique et gamma. Les caractéristiques des miroirs utilisés dans ce genre de système de détection sont les suivantes :

- ✓ La réflectivité : il doit être la plus grande que possible (95%);
- ✓ La génération de rayonnement gamma sous l'impact des neutrons : elle doit être maintenue aussi faible que possible et ce, par un bon choix du matériau de structure (l'Aluminium est le plus utilisé).

3. Lentilles de focalisation

Le rôle des lentilles est la focalisation de la lumière sur la surface active de l'élément CDD de la caméra. Les principales caractéristiques de ces lentilles sont :

- ✓ La transmission de lumière : elle doit être aussi importante que possible. Ceci pour pallier au problème de la faible intensité de la lumière émise par le scintillateur;

- ✓ La distorsion de la lumière : elle doit être aussi minime que possible pour ne pas causer la dégradation de l'image;
- ✓ Les caractéristiques géométriques (dimensions et distance focale): elles influent d'une façon directe sur la sensitivité de la caméra.

4. Camera CCD

L'investigation quantitative par neutronographie dynamique requis une excellente reproductibilité des mesures. Pour ces méthodes de détection, l'utilisation d'une caméra CCD de haute sensitivité avec un rapport signal sur bruit optimal et un bon rang de détection dynamique est primordiale. Bien que la caméra ne soit pas placée sur l'axe du faisceau incident, une fraction de neutrons et de rayonnement gamma peuvent l'atteindre et provoquer sa dégradation ou sa détérioration. Pour remédier à cet handicape, on utilise, généralement, un blindage de protection (en plomb) et un système de refroidissement de la caméra. Les caractéristiques générales des caméras CCD utilisées en Neutronographie dynamique et en tomographie sont les suivantes [9] :

- ✓ les dimensions de la grille de pixels : nombre de pixels par ligne et par colonne ;
- ✓ les dimensions de chaque pixel : généralement de 5 à 25µm de coté;
- ✓ l'efficacité quantique : elle est de l'ordre de 80 à 90% pour des longueurs d'ondes de 350 à 800 nm ;
- ✓ la précision et le codage du processeur électronique de la caméra : un processeur à 16 bits produit 65535 niveau de gris sur l'image.
- ✓ Le refroidisseur : l'utilisation du Nitrogène, par exemple, peut faire fonctionner la caméra à -130°C ce qui permet la suppression du courant noir qui affecte la qualité du signal image.

5 Principales applications de la Neutronographie

Différents secteurs de l'industrie et de la science ont, jusqu'à présent, utilisé le contrôle non destructif par neutronographie. D'une façon assez arbitraire, ils peuvent être répertoriés dans les catégories suivantes [6] :

- **Assemblages mécaniques :** la neutronographie dynamique est actuellement utilisée pour le contrôle et l'analyse du processus de combustion dans les moteurs à quatre temps. Son éventail d'application s'étend, aussi, au contrôle statique des assemblages mécanique comme les vannes et les pompes.

- **Composés plastiques ou similaires :**

  ✓ Les industries électroniques et électriques utilisent la neutronographie pour vérifier l'intégrité d'isolement. Cette intégrité est également vérifiée dans le cas d'assemblage de pièces métalliques ou de composites.

  ✓ L'état et le positionnement de joints organiques sont fréquemment contrôlés à l'intérieur de pièces et assemblages métalliques. L'élaboration de nouveaux matériaux à base de fibres conduit à utiliser la neutronographie pour vérifier l'homogénéité de ces nouveaux matériaux. Dans le cas de fibres de bore et même de carbone, les résultats peuvent être très spectaculaires.

- **Carburants et lubrifiants :** La neutronographie a permis la visualisation de détérioration de film d'huile, de zone de grippage, de présence de liquide ou de dépôt organiques dans des assemblages ou tuyauteries.

- **Produits Métallurgiques :** Les contrôles non destructifs dans le domaine de la métallurgie sont couverts par un grand nombre de moyens, tous très performants (radiographie, ultra - sons, courant de Foucault, émission acoustique, etc.) qui laisse peu de place à une nouvelle technique, si ce n'est pour les cas difficiles. Cependant, quelques cas précis de contrôle permettent de cerner les domaines de C.N.D. sur pièces métalliques où la neutronographie peut apporter de précieux renseignements. Il s'agit particulièrement des exemples suivants :

- ✓ Le contrôle de la liaison soudée entre deux métaux différents de densités voisines (Zirconium - inox par exemple).
- ✓ Le contrôle de soudure et d'assemblage d'alliage à forte densité (platine iridium par exemple).
- ✓ L'homogénéité d'alliage à fort contraste neutronique (aciers au bore, aciers au gadolinium).

- **Divers applications**

Le terme divers ne doit pas être interprété comme un terme péjoratif, bien au contraire, car il englobe tous les domaines d'applications qui sont en cours de prospection et pour lesquels les premiers résultats obtenus sont très prometteurs. Ils rentrent dans cette rubrique, des examens qualitatifs et quantitatifs sur pièces archéologiques et objets d'art, ainsi que des contrôles dans les domaines biologiques et médicaux. Parmi Les applications les plus développées sont les suivantes :

1. Neutronographie des lames des turbines pour la visualisation des fissures et du bouchage du canal du liquide de refroidissement ;

2. Visualisation des défauts dans les céramiques de Nitrite de Silicium (Si_3N_4) ;

3. Neutronographie des composants (A/C) de réfrigération pour l'étude du comportement et l'évolution des lubrifiants et des huiles de refroidissement ;

4. Détection de la corrosion et de l'accumulation de l'humidité dans les composants d'avions ;

5. L'étude de la dispersion dan les composants à fibre de carbone (CFC's) ;

6. Mesure de la concentration du Bore dans les matériaux de shielding ;

7. Etude du comportement de l'eau au voisinage des racines de Soja en présence des polymères absorbeurs d'eau ;

8. Visualisation des changements morphologiques dans les cosses de quelques plantes pendant le processus de maturation ;

9. Mesure de l'efficacité des agents repoussants l'humidité dans les matériaux de construction ;

10. Visualisation des ondes de choc dans les gaz ;

11. Analyse de la distribution de l'hydrogène elctro-transportable dans le palladium ;

12. Détermination des structures et des compositions des céramiques et des matériaux aérospatiaux ;

13. Inspection des relias pour des applications de la technologie spatiale et satellitaire ;

14. Evaluation quantitative des crayons du combustible nucléaire ;

15. Micro-localisation de bore après administration de paraboronphenylalanine aux souris athymies portant le gliome humain greffé ;

16. Visualisation des jets liquides et de leur dynamique ;

17. Visualisation des lignes de strie dans les métaux liquides ;

18. Visualisation des instabilités de mouillage dans les milieux poreux.

Les exemples d'applications suivantes sont basés sur le pouvoir d'arrêt important des matériaux de faible densité comme l'hydrogène et les composés organiques.

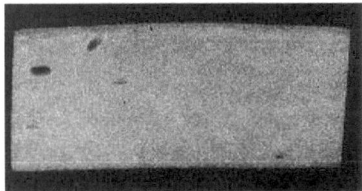

Fig.1.12: Echantillon de plaque borée mettant en évidence une inhomogénéité de la répartition du bore dans la matrice d'aluminium [10].

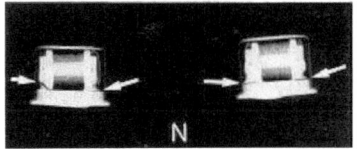 

Fig.1.13: Comparaison entre Neutronographie et Radiographie d'une résistance bobinée sous enveloppe métallique. Sur la Neutronographie on distingue nettement des ruptures sur les supports des résistances en matériaux organiques (C.E.A) [11].

Fig.1.14: Neutronographie d'une chaîne de transmission standardisée utilisée sur le lanceur Ariane. Contrôle de la liaison cordeau détonant de transmission et relais de transmission [11].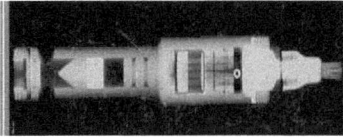

CHAPITRE 2

Tomographie Neutronique à Transmission

F. Kharfi

1 Principe de la Tomographie Neutronique à Transmission

La tomographie neutronique à transmission est une technique de reconstruction d'image de la structure interne d'un objet en deux (2D) ou trois dimensions (3D), et ce, à partir des projections radiographiques obtenues sur plusieurs angles d'incidence du faisceau d'exploration. Une projection est une radiographie (neutrons, rayons X, etc..) prise à un certain angle (Fig.2.1).

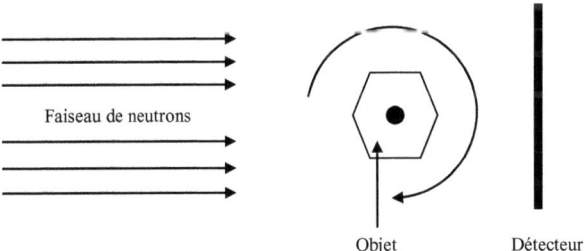

Fig.2.1: Principe de la tomographie : pour la prise des projections nécessaires aux différents angles, l'objet pivote autour d'un axe (rotation).

Les projections sont des images radiographiques prises à des intervalles de temps égaux et sur plusieurs angles de projection variant, généralement, de 0 à 180° avec un pas constant. Elles se présentent comme des images 2D à niveau de gris (digitalisées en plusieurs lignes (raies) de pixels) avec une variation en niveau de gris fidèle à la distribution d'intensités neutroniques du faisceau neutronique émergeant de l'objet après interaction. L'intensité du faisceau émergeant est normalisée par rapport à l'intensité du faisceau mesurée sans échantillon. En tomographie neutronique, généralement, la source et le détecteur sont fixes et l'objet tourne pour la prise des projections nécessaires. Le système de détection utilisé en tomographie neutronique est presque similaire à celui de la méthode de neutronographie dynamique.

En Tomographie neutronique, l'objet est projeté en plusieurs lignes (raies) de projection suivant différentes coupes [12]. La reconstruction d'image peut se faire en 2D à partir des lignes de projections ou en 3D à partir des projections complètes des différents angles. Le nombre de lignes de projection ou de coupes dépend de la résolution du détecteur [13]. Chaque mesure sur un pixel (niveau de gris) d'une ligne de projection représente une intégral du coefficient d'atténuation neutronique suivant le chemin par lequel les neutrons ont contribué à ce pixel [12].

En général, la reconstruction tomographique pose trois problèmes à résoudre et à optimiser. Ces problèmes sont les suivants [14] :

1. Le problème de la non unicité de la solution : pour une seule projection, il peut exister plusieurs solutions d'où la nécessité de réaliser un nombre infini de projections pour une reconstruction idéale ;

2. Le problème du bruit entachant les données : les projections sont généralement bruitées. Ainsi le recours au filtrage est indispensable ;

3. Le problème de l'instabilité de la solution : toute petite différence sur les projections due à la géométrie du système de détection et du porte échantillon (alignement) peut provoquer des écarts importants sur les coupes reconstruites ; Pour une reconstruction idéale, les projections doivent être parfaitement parallèles.

La théorie de la reconstruction par la méthode rétroprojection filtrée qui est, actuellement, la plus implémentée sur les scanners X, SPECT et PET est basée sur les travaux de Johann Radon de 1917 [13]. Pour l'utilisation de cette théorie en Tomographie neutronique, il faut faire certaines suppositions [13] :

- ✓ Le faisceau de neutrons est considéré exactement parallèle. Par cette supposition les différentes couches verticales peuvent être traitées indépendamment parce qu'elles ne s'affectent pas. Si la direction du faisceau de neutrons change autour de sa section d'incidence des corrections sont à faire.
- ✓ Le faisceau de neutrons est supposé monoénergétique. Ainsi, il n'y a pas d'effets qui sont dus à la dépendance énergétique de la section efficace d'interaction neutronique. L'interaction des neutrons avec l'objet est considérée la même pour tous les énergies des neutrons du faisceau et dans n'importe quelle région de l'échantillon.

NB: Il à noter que dans les prochaines sections, il est question d'étudier et d'appliquer la tomographie assistée par ordinateur (computer tomographie : **CT**).

1.1 Description d'un système de Tomographie Neutronique

Un système de tomographie assisté par ordinateur est composé des parties suivantes (Fig.2.2) [15] :
- une source de neutrons;
- un objet tournant;
- un écran scintillateur;
- un miroir de réflexion à 45°;
- une caméra CCD;
- des stations informatiques d'acquisition et de contrôle

Pour l'obtention des projections nécessaires, l'objet placé sur une table tournante est soumis à l'action d'un faisceau neutronique. Une station informatique de contrôle et de commande (computer) est requise pour synchroniser et cordonner entre l'acquisition de la caméra CCD et la rotation de la table.

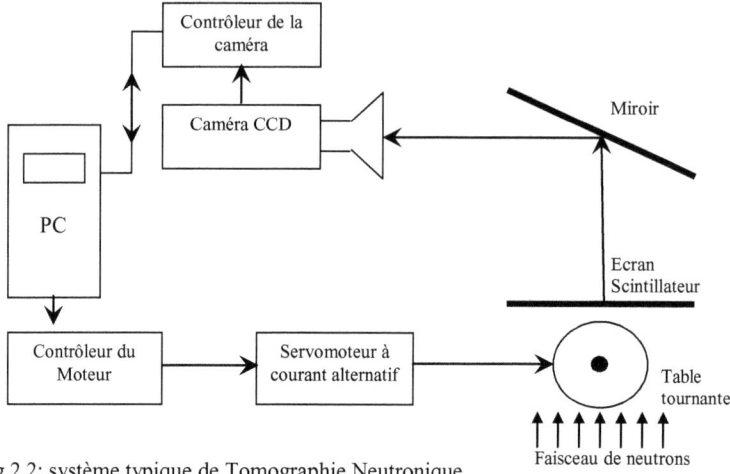

Fig.2.2: système typique de Tomographie Neutronique

Un système de tomographie assisté par ordinateur fonctionne de la manière suivante :

1. L'objet est fixé sur une table tournante. L'angle de départ est 0°;
2. La première projection (θ =0°) est réalisée en soumettant l'objet au faisceau de neutrons pendant une durée bien déterminée;
3. L'acquisition de la première projection, par la caméra CCD, se fait on-line pendant cette durée d'exposition;
4. A la fin de la première projection, le contrôleur arrête le fonctionnement de la caméra (l'acquisition). La première projection est stockée sous forme digitale ;
5. Grâce à système composé d'un moteur, d'un servomoteur et d'un contrôleur, la table tourne jusqu'à la deuxième position de projection ;
6. De la même façon, l'acquisition d'image reprend et la deuxième projection est prise puis stockée. Ainsi, toutes projections sont prises et stockées jusqu'à la dernière correspondant à l'angle 180° ou 360°.

Tous les systèmes mécaniques et optiques sont contrôlés et commandés par des stations informatiques.

1.2 Reconstruction d'image en Tomographie Neutronique

Les principales méthodes et algorithmes utilisés dans la reconstruction tomographique d'image sont les méthodes analytiques dont la méthode de Rétroprojection Filtrée (FBP) et les méthodes et les algorithmes itératifs.

1.2.1 Méthode de la Rétroprojection Filtrée

En tomographie neutronique, une projection $P_\theta(t)$ n'est autre que la transformée de Radon de la distribution de des coefficients d'atténuation neutronique de l'objet µ(x,y) à deux dimensions. Cette transformée est donnée par [13] :

$$P_\theta(t) = \int \Sigma(x,y) ds \qquad (2.1)$$

La projection représente la quantité mesurable suivante [16] :

$$P(t) = -\ln \frac{N_\theta(t)}{N_0(t)} \qquad (2.2)$$

Où :
- θ: angle de projection;
- t : ligne de projection passant par l'origine.
- $N_\theta(t)$: nombre de neutrons qui ont contribué à l'image sur cette ligne de projection d'angle θ;
- $N_0(t)$: nombre de neutrons incidents (normalisation);
- ds: élément de surface.

Sur la figure 2.3 est représentée une des raies de projection pour la reconstrcution d'une couche 2D de l'objet. La distrubition µ(x,y) représente les coéfficients d'atténuation neutronique de l'échantillon. Plus particulièrement, cette distribution corresponde à la variation du coéfficient d'atténuation neutronique total à l'intérieur de l'échantilon suivant une ligne de projection . Le problème de reconstruction revient à trouver la transformée inverse de Randon.

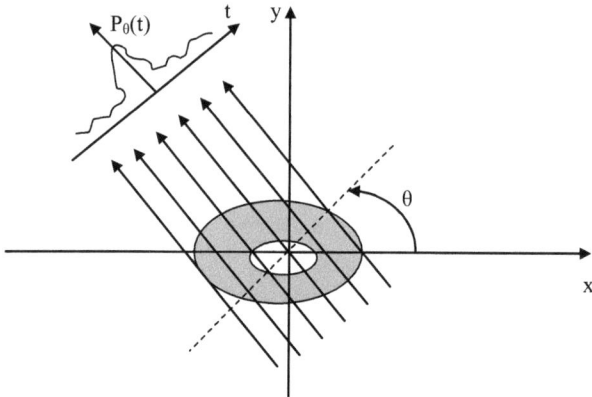

Fig.2.3 : projection en deux dimensions

En supposant que le faicseau d'exploration est parfaitment parallèle, la procédure de rétroprojection filtrée peut être décrite dans le plan (x,y). Les données de projection sont modélisées par la transformée de Radon écrite sous la forme suivante [17]:

$$P(t,\theta) = \int \mu(x,y)ds = \int_{-\infty}^{+\infty}\int_{-\infty}^{+\infty} \Sigma(x,y)\delta(x\cos\theta + y\sin\theta - t)dxdy \qquad (2.3)$$

Les projections mesurées $P(t,\theta)$ sont considérées comme un set de lignes d'intégral à travers l'objet pour différents angles θ ($0 \leq \theta \leq \pi$), voir Fig.2.3. Ainsi le problème de la reconstruction d'image $\mu(x,y)$ se réduit à la mesure de la transformée de Radon inverse. Cette inversion est basée sur le théorème de la coupe centrale (TCC) appelé aussi théorème des coupes de Fourier. L'énnoncé de ce théorème est le suivant [13] : La *transformée de Fourier (TF) de la projection $P_\theta(t)$ correspondant à la fonction d'objet $\mu(x,y)$ contient les valeurs de cette dernière fonction suivant la ligne de projection d'angle θ par rapport à l'origine de l'espace de Fourier.* Ceci veut dire que la transformée de fourier monodimensionnelle d'une projection par rapport à un axe est égale à la transformée de Fourier bidimensionnelle de la distribution à reconstruire, voir expresion 2.4. Ce théorème est aussi valable à trois dimensions, est appelé théorème des couches centrales (TCC). Comme il est indiqué sur la figure 2.4, la reconstruction de µ(x,y) consiste en l'interpolation de TF(µ(x,y))à partir de la couche centrale TF(P_θ(t)). Cette interpolation est difficile est peut engendrée des artefacts[1]. Le recours au filtrage, ici, est très indispensable.

$$TF_1\{P(t,\theta)\} = P(\omega,\theta) = TF_2\{\Sigma(x,y)\} = S(u,v) = S(\omega\cos\theta, \omega\sin\theta) \quad (2.4)$$

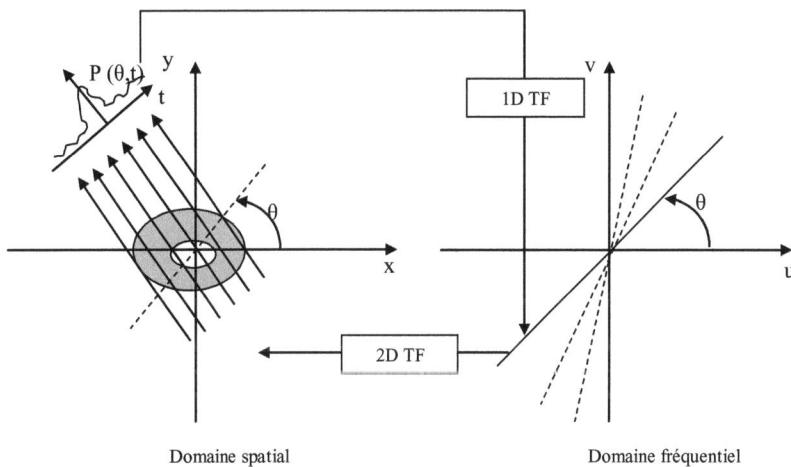

Fig.2.4: relation entre transformée de Radon et transformée de Fourier (TCC)

Ce théorème de Fourier stipule que si l'espace 2D de Fourier est suffisamment remplie de données, l'inversion 2D des transformées de Fourier des projections doit engendrer l'image originale de l'objet (Fig.2.5). En réalité, le nombre de raies de projection et le nombre de projections lui-même sont limités ; donc la

---

[1] Artefact: phénomène ou signal artificiel dont l'apparition est liée à la méthode utilisée lors d'une expérience provoquant une erreur d'analyse. En tomographie comme en radiographie, ce phénomène modifie l'apparence de l'image en lui ajoutant des détails artificiels qui n'ont aucune relation avec l'objet examiné.

fonction S(u,v) n'est connue qu'uniquement en quelques points sur les lignes radiales de la transformée de Fourier 2D (Fig.2.5) [18]. D'autre part et malheureusement l'implémentation discrète de l'expression 2.4 en utilisant la Transformée de Fourier Rapide (FFT) nécessite une interpolation surtout pour les hautes fréquences où la densité de l'espace 2D de Fourier résultant est faible, voir Fig.2.5. C'est pourquoi la méthode de Fourier directe n'est pas employée pour un algorithme d'inversion de la transformée de RADON [19]. Pour surmonter à toutes ces contraintes, l'algorithme le plus utilisé est celui de la rétroprojection filtrée (FBP) dont le formalisme et la méthode sont décris dans ce qui suit :

Cette méthode est basée sur un jeu de variables et un changement de coordonnées et de repères. En effet, l'inverse 2D de la transformée de Fourier exprimée en coordonnées polaires dans l'espace fréquentiel est donnée par:

$$\mu(x, y) = TF_{2D}^{-1}\{S(u,v)\} = \int_{-\infty}^{+\infty}\int_{-\infty}^{+\infty} S(u,v)e^{2\pi j(xu+yv)}dudv$$

$$= \int_{0}^{2\pi}\int_{0}^{\infty} S(\omega\cos\theta, \omega\sin\theta)e^{2\pi j\omega(x\cos\theta+y\sin\theta)}\omega d\omega d\theta$$

$$= \int_{0}^{\pi}\left[\int_{-\infty}^{+\infty} P(\omega,\theta)|\omega|e^{2\pi j\omega(x\cos\theta+y\sin\theta)}d\omega\right]d\theta$$

$$= \int_{0}^{\pi} \hat{P}(x\cos\theta + y\sin\theta, \theta)d\theta := B\{\hat{P}(t,\theta)\} \quad (2.5)$$

Dans ce dernier développement, le théorème TCC et la définition $\hat{P} := \int_{-\infty}^{+\infty} P(\omega,\theta)|\omega|e^{2\pi j\omega t}d\omega$ ont été utilisés. La notation $B\{\hat{P}(t,\theta)\}$ représente la rétroprojection filtrée des projections $\hat{P}(t,\theta)$ dans le champ de reconstruction.

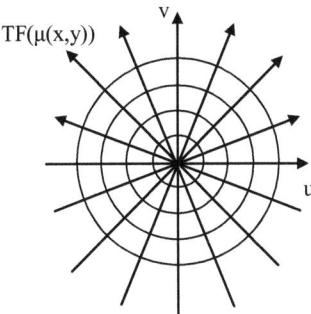

Fig.2.5: valeurs mesurées dans le domaine fréquentiel des projections : se sont points d'intersection des flèches avec les cercles

La multiplication par $|\omega|$ qui est due aux changements de variables et de coordonnées (u=$\omega\cos(\theta)$, v= $\omega\sin(\theta)$, t=$x\cos(\theta)+y\sin(\theta)$) dans les expressions précédentes peut être interprétée comme un filtre rampe appliqué à tous les profiles de projection dans le domaine fréquentiel. Cette opération peut être remplacée par la convolution de $P(t,\theta)$ avec le transformée de Fourier de $|\omega|$ dans le domaine spatial. Les difficultés rencontrées avec ce genre de filtrage idéal résident dans le fait que les données seront fortement bruitées. Ceci vient du fait que le bruit est constitué, principalement, des hautes fréquences et sera amplifié par ce filtre $|\omega|$. Par conséquent, ce filtre idéal doit être remplacé par une fonction spéciale de filtrage pondérée qui converge vers 0 pour les hautes fréquences comme pour les cas du filtre de "Shepp-Logan" ou bien le filtre passe bas en Cosinus. Finalement, la rétroprojection est associée à l'addition des projections filtrées tout au long de leurs chemins originaux de raies sur un champ de reconstruction. En d'autres termes, après filtrage, les profiles de projection seront rétroprojetés dans le plan de reconstruction et sommés autour de θ pour la reconstruction de l'image finale de l'objet ($\mu(x,y)$) (Fig.2.6). Ici, la projection filtrée à un angle (θ) aura la même contribution dans la reconstruction pour tous les points de l'image qui correspondent à la même ligne de projection (t). Le

logiciel utilisé pour la reconstruction des images présentés dans ce livre est
« Octopus.4 » qui utilise la méthode FBP qu'on vient de décrire [18].

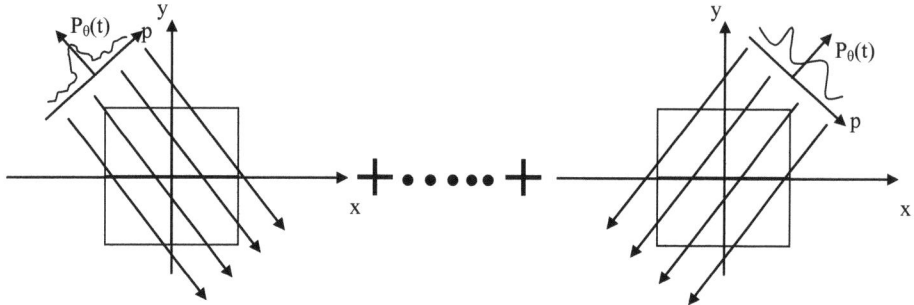

Fig.2.6: Rétroprojection filtrée. Les profiles des projections après filtrage sont
rétroprojetés et sommés autour de θ

La rétroprojection filtrée (FBP) évite, donc, complètement le recours au calcul de la transformée de Fourier par l'exécution de toutes les opérations dans l'espace réel. Un filtrage doit être appliqué aux données de projection. Cette opération dans l'espace de Fourier correspond à l'affectation d'un poids |w| (filtre rampe) aux données de la Transformée de Fourier représentées sur la figure 2.5. Ceci est pour compenser le fait que la densité des lignes, d'une projection donnée, est en 1/|w|. En plus de l'application d'un filtre rampe |w|, l'application d'une autre fonction de filtrage est indispensable pour la réduction des hautes fréquences qui constituent le bruit de fond sur l'image de l'objet. Les filtres les plus utilisés, dans la reconstruction par tomographique par FBP, sont les suivants [13] :

1. *Filtre rampe |w|* : c'est un filtre idéal. Son application en reconstruction tomographique produit une meilleure résolution spatiale mais une forte application (contribution) du bruit et des hautes fréquences. Pour obtenir de bons résultats de reconstruction, on multiplie, généralement, cette rampe par des fenêtres d'autres types de filtres.

2. *Filtre de Hann*: sa fenêtre d'apodisation (pondération) est la suivante:

$$\begin{cases} 0.5.(1+\cos \pi w/w_c) & si \quad w \prec w_c \\ 0 & si \quad w \geq w_c \end{cases} \quad (2.6)$$

Ce filtre remédie à l'insuffisance du filtre rampe. Son application modifie les moyennes fréquences. Plus faible est la fréquence de coupure, moins on préserve les détails, i.e., plus fort est le lissage.

3. *Filtre de Hamming*: sa fenêtre d'apodisation est donnée par:

$$\begin{cases} 0.54 + 0.46(\cos \pi w/w_c) & si \quad w \prec w_c \\ 0 & si \quad w \geq w_c \end{cases} \quad (2.7)$$

4. *filtre de Butterworth*

$$\begin{cases} \dfrac{1}{[1+(w/w_c)^{2n}]} & si \quad w \prec w_c \\ 0 & si \quad w \geq w_c \end{cases} \quad (2.8)$$

Ce filtre possède deux paramètres : la fréquence de coupure w_c et l'ordre n. Pour ce filtre plus faible est l'ordre, moins on préserve les détails, i.e., plus fort est le lissage

5. *filtre de cosine*:

$$\begin{cases} \cos(\dfrac{\pi w}{w_c}) & si \quad w \prec w_c \\ 0 & si \quad w \geq w_c \end{cases} \quad (2.9)$$

6. *filtre de bandlimit:* c'est une fenêtre rectangulaire

$$\begin{cases} 1 & si \quad w \prec w_c \\ 0 & si \quad w \geq w_c \end{cases} \quad (2.10)$$

L'algorithme complet de la méthode de rétroprojection filtrée est illustré sur le diagramme suivant (Fig.2.7) :

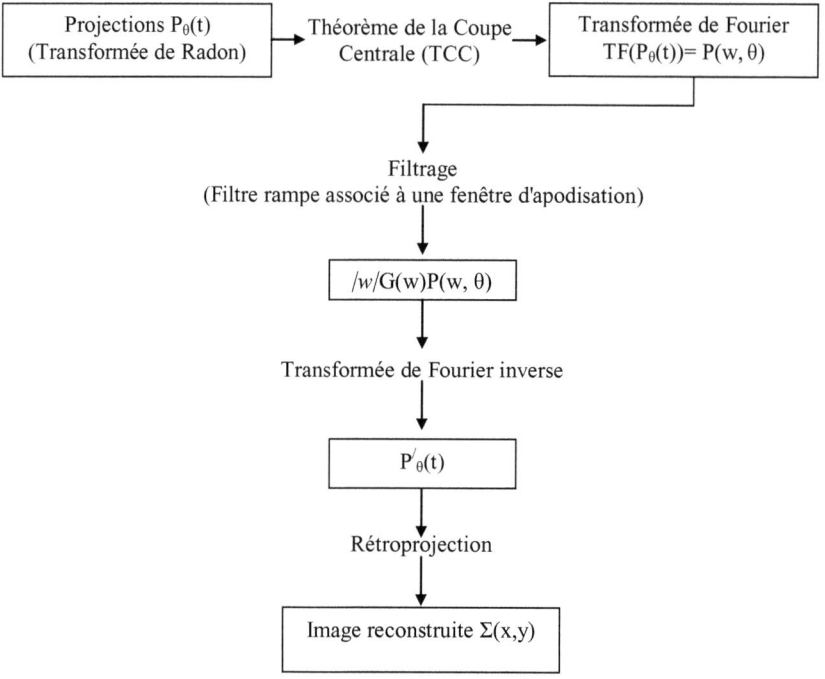

Fig.2.7 : diagramme de la méthode rétroprojection filtrée

1.2.2 Méthodes et algorithmes itératifs

Les méthodes itératives sont moins appliquées que la méthode de rétroprojection filtrée. Dans ces méthodes, le problème de reconstruction est posée autrement (forme discrète) et ne fait plus référence à la transformée de Radon. L'image qui est constituée d'un nombre "k" de pixels dont les valeurs "f_k" sont inconnues. De même, les projections sont discrètes et formées d'un nombre "l" de "dexels" dont les valeurs "p_l" sont connues puisqu'elles correspondent aux mesures dans chaque raie de projection. La reconstruction d'image d'objet par la méthode itérative fait appel à l'hypothèse suivante : « *chacune des valeurs détectées dans un dexel est une combinaison linéaire des valeurs des pixels à reconstruire* » [20]. Le problème de reconstruction fait appel à des expressions discrètes et matricielles (p=R.f) décrivant le processus de projection. L'ensemble des valeurs des raies de projections (dexels) est arrangé en vecteur des projections "p". L'ensemble des pixels de l'image à reconstruire est également regroupé sous la forme d'une image vectrice "f". Les coefficients qui caractérisent la contribution de chaque pixel à chaque raie de projection peuvent être déterminée et stockés dans une matrice "R". Le système de projection s'écrit dans le cas d'une image à "n^2 "pixels et à "n" directions de projections de "n" dexels de la manière suivante [20] :

$$p = R.f \qquad (2.11)$$

$$\begin{bmatrix} p_1 \\ p_2 \\ \vdots \\ \vdots \\ p_n \end{bmatrix} = \begin{bmatrix} r_{11} & \cdots & \cdots & \cdots & r_{14} \\ \vdots & \ddots & & & \\ \vdots & & \ddots & & \\ \vdots & & & \ddots & \\ r_{41} & \cdots & \cdots & \cdots & r_{44} \end{bmatrix} \begin{bmatrix} f_1 \\ f_2 \\ \vdots \\ \vdots \\ f_n \end{bmatrix}$$

Cette dernière expression exprime le fait que ce que l'on détecte (p) est le résultat des valeurs (f) de l'image que l'on cherche, soumise à l'opération de projection représenté par l'opérateur de projection (R) [20]. A travers cette modélisation du processus de projection, on cherche, en pratique, à trouver "f" en fonction de "p" en résolvant le problème inverse f= R^{-1}.p. A cause de la taille de ce système d'équations, cette résolution ne peut se faire que par itérations successives [14]. Sur la figure (fig.2.8) est représenté un exemple de projection et de rétroprojection. Dans la reconstruction d'image par une méthode itérative, la rétroprojection est modélisée par un opérateur de rétroprojection "R^t " qui n'est autre que la matrice transposée de R. Ainsi, le problème de reconstruction se réduit à la résolution du problème inverse f= R^t.p.

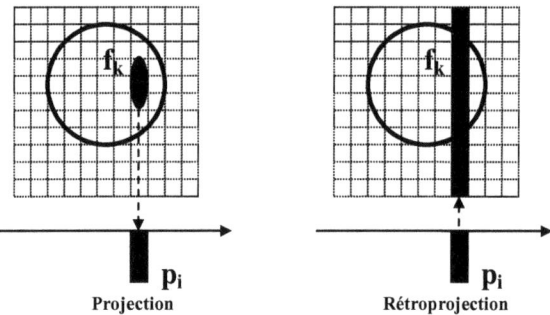

Fig.2.8: projection et rétroprojection

La résolution du problème inverse par la méthode itérative consiste à la recherche d'une solution f minimisant la distance d(p, R.f), p et R étant connus. Il s'agit de partir d'une estimation arbitraire de l'image solution et de procéder schématiquement selon un principe d'essai et d'erreur. Chaque estimation successive est projetée à nouveau et le résultat est comparé aux projections mesurées. L'erreur est utilisée de retour pour améliorer l'estimation suivante. Cette méthode conduit à construire progressivement des fréquences croissantes de l'image solution. Les résultats des premières itérations sont lisses à cause de la prédominance des basses fréquences (structure interne) de l'objet. Par la suite, plus les itérations progressent plus les hautes fréquences (forme générale et bruit de fond) sont représentées. Les images produites à chaque itération se rapprochent de l'image solution (l'algorithme converge) [20]. Cependant, on montre que lors de l'utilisation de ses méthodes et à partir d'un certain nombre d'itérations, le processus se met à diverger (sous l'influence du bruit) et l'image s'éloigne de la vraie solution. Pour remédier à cet inconvénient, on impose une contrainte sur le processus de reconstruction et ce, en choisissant, par exemple, d'interrompre le processus après un certain nombre d'itérations. Ceci revient à utiliser un filtre passe bas comme pour le cas de la rétroprojection filtrée.

1.2.2.1 Modélisation de la projection

Le processus de projection est modélisé par les coefficients de la matrice de projection R qui génèrent les données de l'acquisition. Des considérations géométriques et physiques sont nécessaires pour cette modélisation. Dans la méthode itérative de reconstruction la modélisation touche les points suivants :

1. ***Modélisation de la distribution de l'intensité du pixel :*** elle est nécessaire pour la spécification des conditions de projections des pixels de l'image [20]. Elle est basée sur l'évaluation de la contribution d'un pixel donné dans la raie de projection. Sachant que le modèle le plus exact (parfait) consiste à considérer des pixels carrés (modèle uniforme). Des modèles plus simples sont aussi envisageables. Parmi ces derniers, il existe le modèle dit de Dirac où l'on considère que toute l'intensité du pixel est concentrée au centre du pixel. Ainsi, toute l'intensité contribue à la raie si et seulement si elle passe par le dexel. Il existe aussi un autre modèle dit: "le modèle du disque concave" se présentant comme un compromis entre les deux modèles précédents. Il consiste à considérer l'intensité comme délimitée par un disque inclus dans le pixel et répartie de telle sorte que sa projection soit rectangulaire quelque soit la direction de projection [20].

2. ***Modélisation géométrique de l'opérateur de projection :*** pour la détermination des coefficients de la matrice R il faut tenir compte du nombre de projections et de leurs répartitions angulaires ainsi que du type de collimation en parallèle ou en éventail. Si, par exemple, le modèle de distribution de l'intensité est celui de Dirac, un pixel donné d'indice k traversé par une raie d'indice p_l engendre un coefficient r_{lk} égal un 1; si ce n'est pas le cas, il est nul.

3. ***Modélisation physique de l'opérateur de projection :*** cette modélisation est basée sur la distance entre la position du pixel par rapport au détecteur. Un pixel situé loin du détecteur verra sa contribution géométrique à la raie de projection diminuée par rapport à un autre plus proche. Par cette modélisation l'atténuation

sera prise en compte dans l'image résultante par la reconstruction tomographique.

1.2.2.2 Principaux algorithmes itératifs

Ils existent de nombreux algorithmes qui ont été développés pour les méthodes itératives de reconstruction tomographique. Parmi ces algorithmes, les principaux sont : Algebraic Reconstruction Technique (ART), Simultaneous Iterative Reconstruction Technique (SIRT), Iterative Least Squared Technique (ILST). Actuellement, les algorithmes les plus utilisés sont : l'algorithme Expectation Maximisation "EM" et celui du Gradient Conjugué "GC".

A. Algorithme EM

C'est un algorithme qui a été développé par Lange et Carson. La formule de cet algorithme est la suivante [20] :

$$f^{n+1} = f^n R^t \frac{p}{R.f^n} \qquad (2.12)$$

"n" est le numéro de l'itération considérée. Cet algorithme est caractérisé par le fait qu'il conserve le nombre de coups à chaque itération. Par ailleurs sa forme multiplicative lui confère une contrainte de positivité bien qu'elle implique une convergence lente.

B. Algorithme du gradient conjugué (GC)

C'est un algorithme qui est assez utilisé parce qu'il converge rapidement. Il est basé sur une méthode de descente classique. Sa formule de mise à jour itérative peut être, grossièrement, donnée par [14]:

$$f^{n+1} = f^n + \alpha^n d^n \qquad (2.13)$$

Dans ce cas la correction n'est pas multiplicative comme pour l'EM, mais additive. Cette formule est constituée d'une direction de descente "d" et d'une vitesse de descente "α" qui sont recalculées d'une manière conjuguée à chaque itération et ce, pour optimiser la vitesse de convergence [20].

A travers ce processus, l'erreur se minimise progressivement entres les projections mesurées et celles calculées. Cette erreur est donnée par :

$$e = \|p - Rf\|^2 \qquad (2.14)$$

2 Reconstruction 3D d'image d'un moteur électrique 6V

L'algorithme FBP a été efficacement implémenté sur des computers depuis plus d'une vingtaine d'années. Il est, actuellement, l'algorithme le plus utilisé pour la reconstruction 2D et 3D d'image en médecine (scanner) ou en industrie (tomographe). Dans le travail expérimental suivant, il s'agit de réaliser la tomographie 3D d'image d'un moteur électrique 3V par le software (Octopus 4) utilisant l'algorithme FBP pour la reconstruction 3d d'image. Les données de projections tomographiques ont été obtenues autour de l'installation de tomographie neutronique à transmission de l'ATI dont le système de détection est semblable à celui déjà décrit. Les caractéristiques détaillées de cette installation de tomographie seront décrites dans le deuxième chapitre. Le volume 3D reconstruit a été visualisé et analysé par un autre software « VG-studio Max ». L'intérêt de ce travail expérimental est l'étude de toutes les étapes de projection et de reconstruction ainsi que les paramètres et les contraintes qui influent sur la qualité de l'image finale reconstruite.

2.1 Description de l'Installation de Tomographie de l'ATI

Autour du réacteur Triga Mark II sont implantées deux installations d'imagerie neutronique: la première dédiée aux techniques de neutronographie conventionnelles et la deuxième à la tomographie (Fig.2.9). Le système de détection de l'installation de tomographie est composé d'un écran scintillateur, d'une caméra CCD digitale. Ce système est caractérisé par sa bonne linéarité, sa grande sensitivité, son optimale reproductibilité. Les principaux inconvénients de ce système sont son coût élevé de son détecteur (caméra CCD) et sa faible résolution spatiale (~400 μm) par comparaison à d'autres installations et techniques. L'installation de tomographie de l'ATI comporte un collimateur en deux parties: la première est conique de 130 cm de longueur et est installée dans la colonne thermique, la deuxième est cylindrique de longueur 127 cm et est placée dans la partie du béton lourd de la cuve du réacteur. L'ouverture d'entrée de la première partie de ce collimateur est de 2 cm et celle de sortie est de 6 cm. Un filtre en polycristal de Bismuth de 4 cm d'épaisseur est placé tout près de la source pour le filtrage des gammas (Fig.2.10) [21]. La seconde partie du collimateur à un diamètre intérieur de 8.2cm. Les parois intérieures des deux parties du collimateur sont fabriquées d'un matériau fort absorbant aux neutrons, $Cd+B_4C$. Dans le but de produire un faisceau très homogène, la première partie du collimateur peut être remplacée par un bloc de graphite de mêmes dimensions.

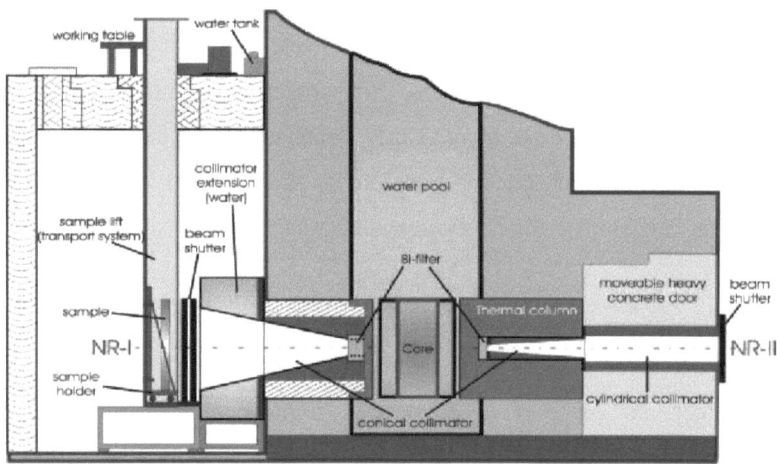

Fig.2.9: Installations de Neutronographie (NT-1) et de Tomographie (NR-2) de l'ATI

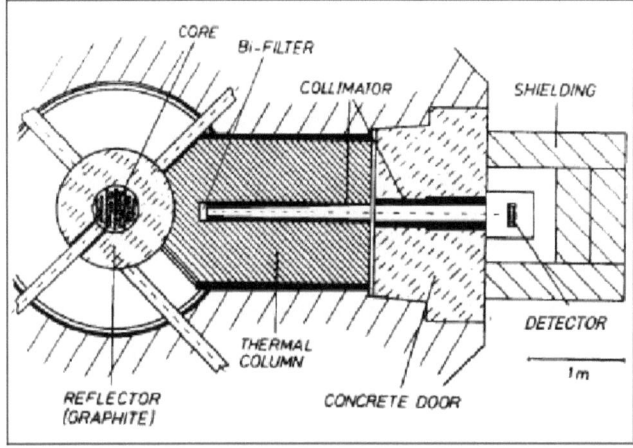

Fig.2.10: système d'irradiation et cellule d'exposition de l'installation de tomographie

Un bloc en graphite de 30 cm de longueur est utilisé entre la paroi en Aluminium de la cuve du réacteur et le collimateur pour la distribution homogène des neutrons avant leur entrée dans le collimateur. Les ouvertures d'entrée et de sortie du collimateur sont à base de matériaux sous forme de sandwich dont 3 couches à base de Plomb de 0.5 cm d'épaisseur et 3 couches en B_4C de 0.5 cm d'épaisseur (Fig. 2.11).

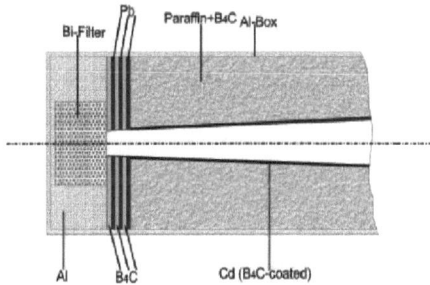

Fig.2.11: Structure du premier collimateur (In-pile)

Les caractéristiques de l'installation de tomographie de l'ATI sont données sur le tableau 2.1.

Tableau 2.1: caractéristiques de l'installation de tomographie de l'ATI.

Paramètres	Installation de Tomographie de l'ATI
Flux neutronique (n/cm^2/s)	1.3 x10^5 n/cm^2/s
Rapport L/D	128
Rapport cadmium	20
Diamètre du faisceau (au niveau de l'objet, cm)	9
Background gamma (Sv/h)	0.045
Puissance de la source (n/s)	7.0 x10^6
Système de détection	Scintillateur LiF+ZnS(Ag) + Caméra CCD

Le deuxième point le plus important dans une installation de tomographie après celui de la qualité et propriétés du faisceau neutronique est la qualité du système de détection. Le couplage entre un écran scintillateur et une caméra CCD demeure comme étant le système de détection le plus efficace et le plus approprié en Tomographie Neutronique jusqu'à présent. Le format digital des images tomographique obtenues par ce système est exploitable sans aucun doute ou incertitude sur son origine. La caméra CCD de type NIKON refroidie à l'azote liquide utilisée dans cette installation présente de très bonnes performances en matière de [22]:

- Efficacité quantique de détection;

- Efficacité de Lecture et de transfert de charges;

- Rapport signal / bruit;

- Résolution spatiale;

- Linéarité et sensitivité;

- Dark current et refroidissement.

Après l'atténuation du faisceau neutronique thermique à travers l'objet, le faisceau émergeant est transformé en lumière visible au niveau d'un écran scintillateur de type Levy Hill. Cette lumière est dirigée sur un miroir de réflexion à 45° fabriqué en verre couvert d'Aluminium et de TiO$_2$. La distance entre la sortie du collimateur et le scintillateur est de 20 cm. La table tournante qui fait pivoter l'objet pour la prise de projetions est placée au milieu. Tout le système de détection est embarqué dans un box en Aluminium teinté en noir du fait que la lumière émise par le scintillateur est de très faible intensité par rapport à la lumière du jour ou la lumière du milieu environnant. Les principales propriétés du système de détection sont présentées dan le tableau 2.2.

Tableau 2.2: caractéristiques du système de détection.

Caractéristiques	
Ecran scintillateur	Levy Hill: 0.4 mm d'épaisseur : ZnS+LiF(Ag)
Caméra CCD	Astrocam slow scan liquid nitrogen cooling
Chip de la caméra	- Surface sensible: 12.3 x 12.3 mm - Nombre de pixel: 512 x 512 pixels - taille du pixel 24 x 24 µm
Efficacité quantique (QE)	Supérieur à 90%[2]
Digitalisation	16 bits avec 65535 niveaux de gris
Lentilles	NIKON NOKT 58mm F1.2, 180 mm F2.8 et 105 mm F2.0
Miroir	2 mm d'épaisseur de verre couvert d'Aluminium et de TiO_2

La résolution spatiale effective de ce système de détection est estimée en moyenne à 450 µm par la méthode de détermination de la fonction de transfert modulée (MTF) à partir des données de niveaux de gris obtenues par balayage sur une ligne de profile. Cette ligne de profile doit traversée, sur l'image neutronique, le bord d'une cible constituée d'une feuille très mince d'un matériau fortement absorbant aux neutrons comme le Gadolinium. La feuille à radiographier dans cette procédure doit avoir une épaisseur (25µm) plus petite que la résolution suspectée du système sinon le résultat n'aura aucun sens.

2.2 Procédure expérimentale d'investigation

Dans cette expérience de Tomographie neutronique l'objet investigué est un moteur électrique ordinaire (6V). Les caractéristiques des équipements et les

---

[2] L'efficacité quantique (QE) de la caméra est la réponse aux différentes longueurs d'ondes de la lumière. Elle caractérise la fraction des photons qui seront convertis en électrons.

instruments utilisés dans cette expérience ainsi que les conditions expérimentales sont présentées sur le tableau 2.3.

Tableau 2.3: Matériel utilisé et conditions expérimentales.

Matériel et conditions	Description
Echantillon	Moteur électrique (6V)
Puissance du réacteur	250Kw
Intensité neutronique	$1.4 \; 10^5 \; n/cm^2 \cdot s$ (au niveau de l'échantillon)
Système de détection	Scintillateur Levy Hill LiF-ZnS (Ag) + Miroir (Al) + CCD camera de type Nikon
Dimensions de l'image	Raw (480x480 pixels)
Nombre de projection	200
Nombre d'images à faisceau direct (Open beam)	05 (03 au début et 02 à la fin)
Nombre d'image à canal fermé, i.e. pas de faisceau (Dark Current)	05
Temps d'exposition	40 s

Les principales étapes suivies pour la reconstruction 3D d'image et la visualisation du volume 3D sont les suivantes [23,24]:

1. Conversion du format d'image de celui de la camera (raw) à celui du software (oct);

2. Classement et sauvegarde des projections sur des fichiers avec chemin d'accès appropriés;

3. Correction de l'axe de rotation et redimensionnement des projections par la réduction de leur taille et par conséquent la durée de calcul (étape parfois facultative);

4. Sélection d'une région de détection (ROD) sur l'image différentielle sommant toutes les projections pour l'ajustement des projections en matière d'intervalle de variation du niveau de gris. Cette région doit être à l'extérieur de l'échantillon proche du milieu sur une surface dont le niveau de gris est induit uniquement par le faisceau direct. Toutes les projections seront ajustées par rapport au niveau de gris moyen mesuré sur cette région. Cette action permet de réduire les erreurs dues à la non homogénéité spatiale du faisceau neutronique;

5. Correction des projections par l'application d'un filtrage adéquat sur les données de projections pour l'élimination des spots blancs. Généralement, on se contente d'un filtre "médian», le plus approprié pour un bruit impulsionnel, d'une valeur de 0.2 comme niveau de filtrage. Dans ce travail 20% des pixels ont été remplacés par d'autres après cette opération.

6. Elimination du bruit de fond de la caméra par soustraction de la l'image moyenne "Dark Current" de toutes les projections;

7. Normalisation du niveau de gris des projections par division par des projections par l'image "Open Beam";

8. Génération des Sinogrammes[3];

9. Ajustement des sinogrammes par un réglage manuel de l'axe de superposition des couches autour de l'angle θ;

9. Filtrage des Sinogrammes par réglage du niveau de filtrage jusqu'à l'élimination des lignes droites minces qui interfèrent avec l'image sur un sinogramme choisi au milieu du volume 3D. Ces lignes peuvent engendrer des artefacts d'images si elles ne sont pas filtrées. Après plusieurs essais, le niveau de filtrage choisi est 1.20.

10. Reconstruction 3D de l'image. Les paramètres "Smooth" et "Sharp" ont été mis égaux à 1; ils peuvent varier de 0 jusqu'à 2;

11. Lecture et analyse du volume 3D reconstruit par le software VG-StudioMAX.

2.3 Résultats et discussions

Pour la détection d'une éventuelle déviation entre l'axe de l'objet et l'axe de rotation, toutes les projections sont superposées sur une même grille (Fig.2.12). Le résultat montre qu'il y a une légère déviation du fait que l'image de synthèse produite présente un flou[4]. Cette déviation peut induire des artefacts sur l'image

---

[3] Sinogramme: superposition des raies de projection en fonction en fonction de l'angle de projection
[4] Cette méthode n'est valable que pour un objet présentant une symétrie par rapport à son axe.

reconstruite et doit être corrigée. Ceci peut se faire par un ajustement de toutes les projections après acquisition ou mécaniquement par la bonne fixation de l'objet sur la table tournante en s'assurant que l'axe de l'objet et bien confondue avec l'axe de la table ainsi et que le système de détection est perpendiculaire au faisceau neutronique.

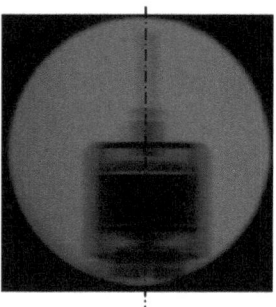

Fig.2.12: image des projections superposées

Si l'objet ne présente pas de symétrie géométrique par rapport à son axe, il faut procéder comme suit: la première projection, prise à l'angle θ=0, est soustraite de la projection prise à l'angle θ =180 retournée horizontalement. Si le résultat est égal à 0 en termes d'image (image noire), les deux axes sont bien confondus sinon il y a sûrement une déviation de l'axe qui doit être corrigée comme pour ce cas (Fig.2.13).

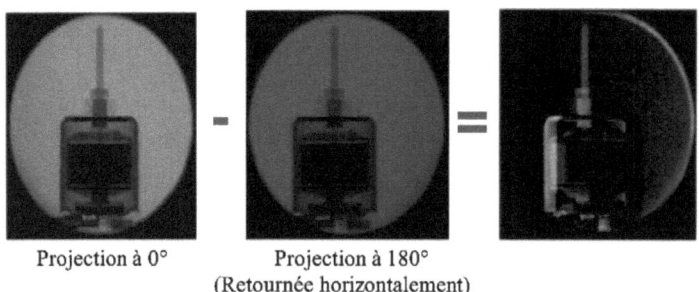

Projection à 0°　　　Projection à 180°
　　　　　　　　　(Retournée horizontalement)

Fig.2.13: résultat de soustraction de la première projection et de la dernière

Sur la figure (2.14) sont présentées des images de types Dark Current(DC) et Open Beam(OB) ainsi que quelques exemples de projections à différents angles. Sur les figures de 2.15 jusqu'à 2.21 sont présentés les résultats de chaque étape du processus de projection et de reconstruction d'image du moteur électrique.

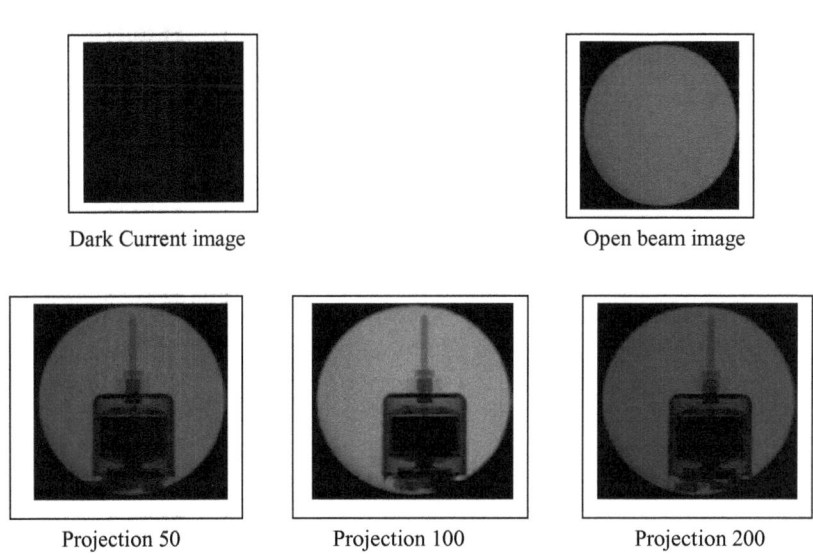

Fig.2.14: exemples de projection originales (au format raw)

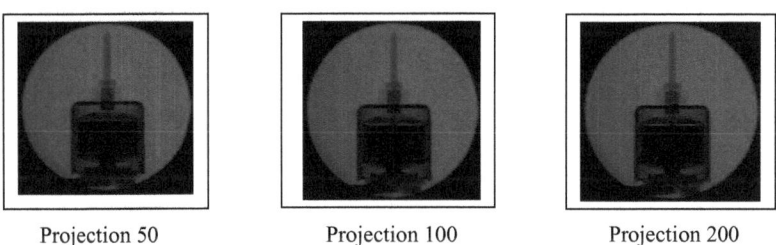

Fig.2.15: exemples de projection après conversion de format (raw à oct)

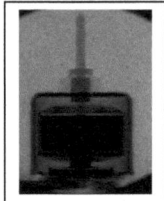  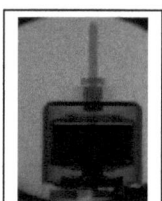

Projection 50   Projection 100   Projection 200

Fig.2.16:exemples de projection après redimensionnement

Projection 50   Projection 100   Projection 200

Fig.2.17: exemples de projections après filtrage

Projection 50   Projection 100   Projection 200

Fig.2.18: exemples de projections après normalisation

Chapitre 2 : Tomographie Neutronique à Transmission

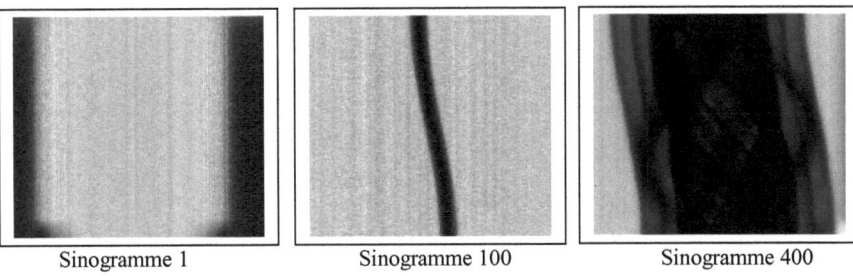

Sinogramme 1   Sinogramme 100   Sinogramme 400

Fig.2.19: exemples de Sinogrammes

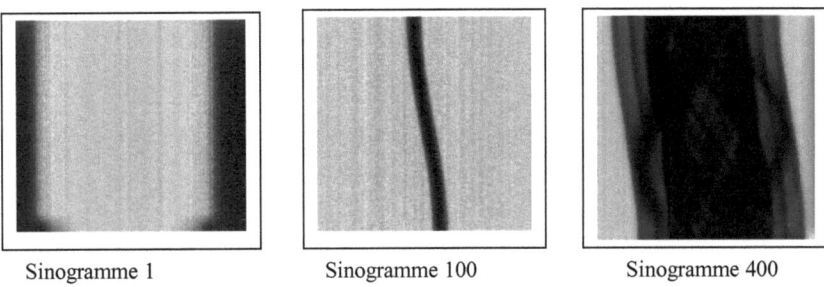

Sinogramme 1   Sinogramme 100   Sinogramme 400

Fig.2.20: exemples de Sinogrammes filtrés

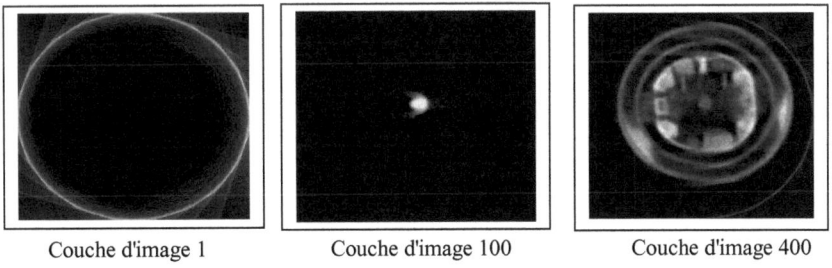

Couche d'image 1   Couche d'image 100   Couche d'image 400

Fig.2.21: exemples de couches reconstruites pour la génération du volume 3D du moteur

Pour l'analyse du volume 3D de l'image reconstruite, il faut procéder par les opérations suivantes:

1. Amélioration de la qualité d'image et élimination de quelques artefacts en agissant sur l'histogramme 3D de l'image;
2. Coupe du volume 3D suivant un plan de coupe choisi au milieu pour la visualisation des détails internes du moteur;
3. Marquage des parties internes par d'autres couleurs virtuelles;
4. Segmentation de l'image 3D pour visualiser séparément ses différentes parties internes.

Les résultats sont présentés sur les figures (2.22) et (2.23). L'artefact en forme de couronne aperçu sur le moteur du coté haut est dû à l'opération de redimensionnement où la sélection de la partie à reconstruire des projections dépasse, au niveau des coins, le diamètre de la section du faisceau neutronique (Fig.1.16).

Fig.2.22: volume 3D reconstruit avec et sans artefacts (couronne an haut qui est due au redimensionnement des projections).

Fig.2.23: résultats de la coupe, segmentation, et marquage des différentes parties du volume 3D reconstruit (Moteur)

Les images (2.22) et (2.23) démontrent le puissant caractère et le pouvoir d'investigation de la Tomographie Neutronique. Il est clair que cette technique peut fournir des informations précises et parfois spécifiques sur la structure interne d'un objet en 2D ou 3D. Les parties internes peuvent, aussi, être visualisées et analysées séparément.

Finalement, il est très important de mentionner que la qualité des résultats du processus de reconstruction dépend de l'appréciation de l'opérateur et la bonne l'estimation des différents paramètres de projection, de filtrage et de visualisation. Pour avoir un bon résultat de reconstruction, les aspects suivants doivent être pris en considération:

- Une bonne estimation du nombre de projections, un bon échantillonnage (nombre de raies) de l'échantillon et une grille de reconstruction bien dimensionnée;
- Le bon alignement du système de projection et de détection;
- Le bon choix des paramètres des fonctions de filtrage;

- Filtrage des sinogrammes pour l'élimination des lignes droites minces non désirées.

3 Principales Applications de la Tomographie Neutronique

La Tomographie est destinée à l'inspection et à la visualisation des détails internes d'objet de composition et de forme complexes. Parmi les applications développées jusqu'à présent, les suivantes sont les plus importantes :

- ✓ Le contrôle de la qualité de la matière adhésive entre deux parties métalliques;
- ✓ L'examen en 3D des produits plastiques, des lubrifiants et des matières adhésives.
- ✓ Le contrôle des hélices des turbines d'avions;
- ✓ L'inspection et le contrôle du fonctionnement des serrures magnétiques de garniture.
- ✓ L'examen des pièces archéologiques pour la détermination en 3D.

Les applications suscitées, sont toutes des applications industrielles ou scientifiques, où la tomographie neutronique s'est bine installé comme technique puissante d'investigation et de contrôle.

CHAPITRE 3
Transmission Neutronique : Effet du Durcissement du Spectre

F. Kharfi

1 Position du problème

Les neutrons sortant d'un canal d'un réacteur n'étant pas monochromatiques, leur absorption ne se fait pas suivant une exponentielle simple. La quantification et la caractérisation de l'atténuation des neutrons à travers la matière sont très indispensables dans nombreux domaines, plus particulièrement pour le calcul de blindage et de transmission neutronique. Elles peuvent aussi servir à l'analyse quantitative et qualitative de la matière elle-même. C'est dans ce contexte que le présent chapitre est élaboré. Dans ce chapitre une procédure standard permettant la détermination du rapport d'affaiblissement (ralentissement) des neutrons thermiques issus du cœur du réacteur Triga-Mark II à travers plusieurs types de matériaux : faiblement, moyennement et fortement absorbant aux neutrons est proposée. Généralement, on utilise des compteurs (Détecteurs BF3) pour la mesure des intensités neutroniques et l'estimation de l'atténuation neutronique [25]. Dans ce chapitre on propose la mesure de la transmission neutronique de ces divers matériaux fortement, moyennement et faiblement absorbants aux neutrons à travers des mesures de niveaux de gris sur les images obtenues par neutronographie à transmission de ces matériaux. Les matériaux étudiés sont l'acier inoxydable boraté (fort absorbant), l'acier et le cuivre (moyens absorbants) et l'aluminium (faible absorbant). Les expériences de transmission neutronique ont été réalisées autour de l'installation de tomographie neutronique de l'institut atomique de Vienne. Cette étude ne se limite pas à la mesure de la transmission neutronique mais s'étend aussi à l'estimation de la densité surfacique de l'élément absorbant et à l'étude d'un effet assez important qui est le durcissement du spectre neutronique (Beam Hardening). Ce dernier effet a été mis en évidence pour la première pour le cas des rayons X. Il se manifeste pour les matériaux fortement absorbant aux neutrons. L'originalité de la méthode proposée réside dans le fait de pouvoir exploité les images obtenues par transmission neutronique pour la mesure de l'atténuation neutronique effective pour ces divers matériaux ainsi que la mesure indirecte de la densité surfacique de l'élément absorbant pour le cas de l'acier inox boraté. Pour le calcul de la transmission neutronique, un développement mathématique rigoureux est suivi à travers lequel les expressions des faisceaux incident et transmis (Φ_0 et Φ_t) et de la transmission (Tr= Φ_t/ Φ_0) sont établies en tenant en considération les spécificités du mécanisme d'atténuation et la distribution des neutrons. En plus de la caractérisation de transmission neutronique des divers matériaux mentionnés précédemment, on présente dans ce chapitre des approches et des procédures spécifiques qui sont les suivantes :

1. une approche semi-empirique originale pour la détermination de la densité surfacique ρ_s de l'élément absorbant de neutrons (Bore) dans un matériau fortement absorbant de neutrons comme l'acier inoxydable boraté enrichi à 1.88 % en poids ;

2. une procédure expérimentale consolidée par une approche théorique pour la mise en évidence et l'interprétation du shift en énergie que subit le spectre neutronique après passage à travers l'échantillon en acier inox boraté et ce, en fonction de l'épaisseur. Pour l'explication de ce durcissement du spectre (Beam Hardening), la variation de la transmission neutronique en fonction de la profondeur pour un échantillon de 1cm d'épaisseur d'acier inoxydable boraté est établie.

2 Aspect théorique

2.1 Transmission Neutronique

Un système de détection composé d'une caméra CCD à 16 bits, d'un écran scintillateur type LiF+ZnS(Ag) et d'un miroir en aluminium est utilisé pour la capture des images à transmission neutronique des différents échantillons. La valeur en niveau de gris de chaque pixel est proportionnelle à l'intensité du faisceau neutronique transmis qui l'a induit. Le système de détection étant de réponse linéaire et d'un large rang dynamique, par conséquent, le niveau de gris peut être directement lié à l'intensité du faisceau neutronique qui atteigne le détecteur (scintillateur). La transmission neutronique est définie comme étant le rapport entre les intensités du faisceau neutronique transmis Φ_t à celui incident Φ_0 (Tr=Φ_t/Φ_0). Le spectre des neutrons thermiques issus du cœur du réacteur peut être modélisé par la distribution de Maxwell-Boltzmann en termes de vitesse des neutrons [26]. Le flux neutronique après atténuation à travers la matière de l'échantillon sera donné par l'équation (3.2). Ceci en considérant la loi générale d'atténuation donnée par (3.1) [27].

$$d\Phi_t = d\Phi_0 . e^{-\Sigma(v).d} = d\Phi_0 . e^{-\frac{\sigma(v).N.\rho.d}{A}}, \quad \text{avec} \quad \sigma(v) = \frac{\sigma_{th} v_{th}}{v} \quad (3.1)$$

$$\Phi_t = \frac{4}{\sqrt{\pi}} \frac{\Phi_0}{v_0} \int_0^\infty \frac{v^2}{v_0^2} . e^{-\frac{v^2}{v_0^2} - \frac{\sigma_{th} v_{th} N . \rho_s}{A.v}} dv \quad (3.2)$$

L'approche et la méthode de calcul proposées nécessitent l'avancement de quelques suppositions de base qui se résument dans les points suivants:

1. Les modèles les plus utilisés des spectres neutroniques tiennent compte du fait que pour la majorité des matériaux (éléments chimiques), les sections efficace d'interaction ont une dépendance en inverse de la vitesse des neutrons (1/v) [2,28], i.e. $\sigma(v) = \sigma_{th}.v_{th}/v$. Où σ_{th} et v_{th} (2200 m/s) sont respectivement la section efficace et vitesse des neutrons thermiques qui

sont en équilibre thermodynamique avec le milieu où ils se trouvent (à T=2.04°C). Cette supposition est très valable pour le cas du Bore ;

2. La proportion des neutrons du spectre Maxwellien qui a une vitesse comprise entre v et v+dv est donnée par [12]:

$$P(v)dv = \frac{4}{\sqrt{\pi}} \frac{v^2}{v_0^3} e^{-\frac{v^2}{v_0^2}} dv, \text{ avec évidemment } \int_0^\infty P(v)dv = 1 \equiv \frac{\Phi_0}{\Phi_0} \quad (3.3)$$

3. Par conséquent, le flux de neutron incident peut être donné par l'expression suivante:

$$\Phi_0 = \int_0^\infty \Phi_0 P(v)dv, \quad \Phi_0 = \frac{4}{\sqrt{\pi}} \frac{\Phi_0}{v_0} \int_0^\infty \frac{v^2}{v_0^2} e^{-\frac{v^2}{v_0^2}} dv \quad (3.4)$$

4. Dans les calculs de blindage et d'activation de feuille, la densité surfacique ρ_s est plus utilisée plutôt que la densité volumique des matériaux ρ (ρ_s= ρ.d). Ceci est dû au fait que la densité surfacique (variable) tienne en compte de la variation d'épaisseur (**d**) par rapport à la densité du matériau qui est constante quelque soit l'épaisseur.

- Φ_0: flux incident;
- Φ_t : flux transmis;
- v : vitesse du neutron;
- v_0: vitesse la plus probable des neutrons incidents. Elle est estimée à 2280m/s pour le cas du réacteur Triga Mark II de l'institut atomique de vienne;
- $\sigma(v)$: section efficace microscopique d'absorption;
- $\Sigma(v)$: section efficace macroscopique d'absorption;
- σ_{th} : section efficace d'absorption pour les neutrons thermiques (barns);
- v_{th}: vitesse moyenne des neutrons thermiques, v_{th} =2200m/s.
- N: nombre d'Avogadro: 6.022 10^{23};

- ρ_s: densité surfacique effective de l'élément absorbant (g/cm^2) dans l'échantillon qu'on veut étudier. Elle est égale à la densité de l'élément absorbant par l'épaisseur ($\rho.d$);
- A: masse atomique de l'élément absorbant de neutrons.

Il est clair que (3.4) est équivalente à écrire $\Phi_0 = \Phi_0$. Cette astuce mathématique est utilisé pour mette Φ_0 sous une forme qui nous arrange dans notre calcul et développement mathématique. Ainsi, Φ_t a pu être écrit par l'expression donnée par (3.2).

Dans le but d'avoir Φ_t dans une forme appropriée, le changement de variable $x = v/v_0$ est introduit. L'expression (3.2) devient donnée par:

$$\Phi_t = \frac{4}{\sqrt{\pi}} \Phi_0 \int_0^\infty x^2 \cdot e^{-(x^2 + \frac{K}{x})} dx, \text{ avec } K = \frac{N.\rho_s.\sigma_{th}.v_{th}}{A.v_0} \quad (3.5)$$

L'intensité lumineuse émise par l'écran scintillateur est proportionnelle au nombre de neutrons absorbés par le Lithium (Li). Ce nombre de neutrons absorbés est donné par l'expression suivante:

$$dn = d\Phi_t(1 - e^{-\Sigma_{a(Li)}.e}) = d\Phi_t(1 - e^{-\frac{\sigma_{th(Li)}\rho_{s(Li)}Nv_{th}}{A_{Li}.v}}) = d\Phi_t(1 - e^{-\frac{H}{x}}) \quad (3.6)$$

$$n = \frac{4}{\sqrt{\pi}} \Phi_0 \int_0^\infty x^2 e^{-(x^2 + \frac{K}{x})}(1 - e^{-\frac{H}{x}}) dx \quad (3.7)$$

En tenant compte de l'efficacité de détection neutronique (QDE) de l'écran scintillateur, l'intensité de lumière émise est donnée par:

$$I = n.QDE = \frac{4}{\sqrt{\pi}} DQE.\Phi_0 \left[\int_0^\infty x^2 e^{-(x^2 + \frac{K}{x})} dx - \int_0^\infty x^2 e^{-(x^2 + \frac{K}{x} + \frac{H}{x})} dx \right] \quad (3.8)$$

Le paramètre H introduit dans (3.6) est donnée par:

$$H = \frac{N.\rho_{s(Li)}.\sigma_{Li}.v_{th}}{A_{Li}.v_0} \quad (3.9)$$

- $\rho_{s(Li)}$ est la densité surfacique du Lithium. Elle est égale à 0.348×10^{-2} g/cm^2 d'après la composition et la manière d'élaboration de l'écran scintillateur (LiF+ZnS(Ag));
- $\Sigma_{a(Li)}$ est la section efficace macroscopique d'absorption du Lithium;
- $\sigma_{th(Li)}$ est la section efficace microscopique d'absorption thermique (=63 barns) [28];
- A_{Li}=6.94 g et **e** est l'épaisseur de l'écran scintillateur.

A ce stade de développement, nous introduisons une fonction spéciale F(u) pour la simplification de l'expression de **I** qui devient donnée par (3.8).

$$I = \Phi_0 [F(K) - F(K+H)] QDE \qquad (3.10)$$

Avec, $F(u) = \dfrac{4}{\sqrt{\pi}} \int_0^\infty x^2 e^{-(x^2 + \frac{u}{x})} dx$. (3.11)

Finalement, l'expression de la transmission neutronique (Tr) de l'échantillon, définie comme étant le rapport entre les intensités des faisceaux de neutrons transmis et incident et qui est équivalente au rapport entre les intensités lumineuses émises par le scintillateur avec et sans échantillon, est donnée par:

$$Tr = \dfrac{I(avec\_échantillon)}{I(sans\_échantillon)} = \dfrac{F(K) - F(K+H)}{F(0) - F(H)} \qquad (3.12)$$

Il est simple de vérifier que l'intensité de lumière émise par le scintillateur sans l'exposition d'un échantillon revient à mettre K=0 dans l'expression de **I** (3.8).

Expérimentalement la transmission neutronique est déterminée à partir de la relation : $Tr = \dfrac{S-D}{O-D}$, où S, O et D sont respectivement les niveaux de gris moyens mesurés sur les images digitales obtenues avec échantillon, sans échantillon et à canal fermé (background). En termes de procédure expérimentale de mesure, les principales étapes nécessaires à la mesure par neutronographie de **Tr** sont les suivantes:

1. Neutronographie des échantillons, sujets d'examen, pour les différentes épaisseurs choisies et mesure des niveaux de gris induits (S);
2. Prise des images relatives à l'"Open Beam" et le "Dark Current" et mesure des niveaux de gris induits (O et D) ;[1]
3. Filtrage des images obtenues (élimination des spots blancs);
4. Traitement, analyse et mesure sur les images produites pour l'évaluation de la Transmission neutronique (Tr) en fonction des niveaux de gris moyens mesurés S, O et D;
5. Détermination de la Transmission neutronique de chaque échantillon en fonction de l'épaisseur.

Dans cette expérience, l'effet de la diffusion neutronique n'a pas été pris en considération, et ce, du fait que les échantillons ont été placés à 10cm du détecteur (scintillateur) où cet effet est supposé négligeable [21,29].

Pour la détermination de la densité surfacique de l'élément absorbant, seule l'échantillon en acier inoxydable boraté, qui présente un intérêt pour notre méthode du fait qu'il un fort absorbant, est étudié. L'élément absorbant dans cet échantillon est, évidemment, le Bore. Pour la détermination de la densité surfacique du Bore dans cet échantillon, les étapes suivantes ont été suivies:

1. Résolution numérique de la fonction F(u);
2. Etablissement de la relation entre la transmission neutronique (Tr) et la densité surfacique de l'élément absorbant (ρ_s) ;
3. Traçage de la courbe (Tr = $f(\rho_s)$) et détermination graphique de la densité ρ_s correspondant à la valeur expérimentale de **Tr** ;

---

[1] - Open Beam image: image prise sans l'exposition de l'échantillon à canal d'irradiation ouvert;
- Drak current image: image prise à canal d'irradiation fermé.

4. Comparaison entre la variation des densités surfaciques du bore ρ_s en fonction de l'épaisseur de l'échantillon **d** obtenues par voies expérimentale et théorique.

La densité volumique effective (concentration) du Bore dans l'échantillon étudiée est ~0.1559 g/cm^3 selon les propriétés de l'échantillon reportées dans les références [30,31].

2.2 Effet de durcissement du spectre neutronique

L'effet du durcissement du spectre (Beam Hardening) est mis en évidence tout d'abord pour l'atténuation des rayons X à travers la matière (Fig.3.1) [32]. Cet effet peut se définir comme étant une augmentation de la contribution des hautes énergies dans le spectre neutronique après passage dans un milieu approprié (fortement absorbant), et ce, en addition à la diminution en intensité que nous considérons habituellement dans la loi générale d'atténuation. Le déplacement du spectre neutronique vers les hautes énergies cause une augmentation de la transmission neutronique à travers la matière de l'échantillon au cours des mesures. Cet effet se manifeste dans les matériaux fortement absorbants aux neutrons comme le bore (σ_a/σ_s~200 pour les neutrons thermiques) où l'absorption des neutrons dépend étroitement d'une loi en 1/v (v: vitesse) en fonction de la vitesse. Ceci implique que la probabilité d'absorption pour les neutrons lents augmente avec la diminution de l'énergie. La première raison pour la manifestation de cet effet est la grande absorption des neutrons de basses énergies par les premières couches du matériau (échantillon) absorbant de telle façon que le faisceau restant devient riche en neutrons de hautes énergies. Par conséquent, le reste du matériau n'atténue pas les neutrons de la même façon que les premières couches traversées de l'échantillon. Ainsi, la section efficace macroscopique effective d'atténuation diminue avec l'augmentation de l'épaisseur de l'échantillon [30,31]. La deuxième raison de la manifestation de cet effet réside dans les collisions inélastiques des neutrons avec le matériau qui causent, aussi, un déplacement du spectre (shift). Il a été, récemment, vérifié que le durcissement du spectre (Beam Hardening) dans les matériaux fortement absorbants est la principale cause des déviations observées par rapport à la loi expérimentale de transmission neutronique. Par conséquent, l'énergie moyenne du spectre neutronique après la traversée d'un matériau fortement absorbant devienne plus élevée par rapport à celle du spectre entrant.

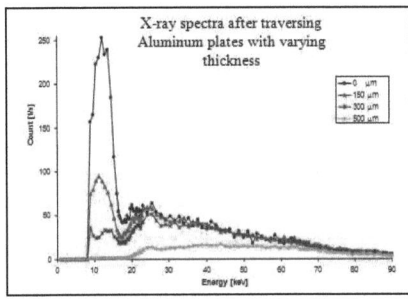

Fig.3.1: effet de Beam Hardeing sur un spectre de rayons X

Actuellement cet effet est bien pris en considération dans les expériences d'irradiation et de transmission neutroniques, car il est essentiel de prendre en considération non seulement l'intensité neutronique mais aussi le spectre en énergie du faisceau incident. Pour quelques cas de processus comme la capture radiative ou la diffusion, il suffit d'utiliser une simple approximation du spectre neutronique. Dans d'autres cas, il est nécessaire de considérer le spectre total en détail. Son utilisation s'avère primordiale dans les expériences basées sur la transmission des rayonnements (X, neutrons...etc.) pour la correction des mesures qui sont parfois des images à transmission comme pour les cas de la Tomographie et de la Neutronographie. Son intérêt en imagerie neutronique réside dans le fait de pouvoir corriger les mesures et ainsi l'amélioration de la qualité des images obtenues par Tomographie ou par neutronographie [30,31,33,34]. Le calcul de Blindage neuronique est aussi un domaine ou cet effet doit être pris en considération pour l'estimation des épaisseurs optimales.

Pour l'étude de cet effet, nous allons considérer ces deux principales causes, à savoir: la diffusion des neutrons et l'augmentation de transmission en fonction de la profondeur traversée due à la diminution de Σ en fonction de l'épaisseur. L'approche théorique adoptée et la procédure expérimentale suivie pour l'étude de cet effet sont basées sur les étapes suivantes:

1. Comparaison entre Σ effective mesurée par transmission neutronique et celle tabulée par:

    a. la mesure de la transmission neuronique en fonction de l'épaisseur pour les échantillons d'Aluminium, de cuivre, d'acier inox et d'acier inox boraté ;

    b. la détermination des sections efficaces macroscopiques effectives $\Sigma(cm^{-1})$ en fonction de l'épaisseur pour les différents échantillons;

    c. la comparaison de ces sections efficace macroscopique mesurées (Σ) avec ceux tabulées. Démonstration que cet effet n'est visible que pour les matériaux fortement absorbant comme l'acier inox boraté ;

2. Mise en évidence du déplacement du spectre dû aux collisions élastiques et inélastiques par le l'analyse et le développement suivants:

    a. Le flux du faisceau de neutron incident est exprimé par l'équation (3.13) à la température (T) de 20.4°C [5]. Cette distribution (3.13) est convenable pour les neutrons thermiques quand ces derniers sont en équilibre thermodynamique avec l'environnement ou ils se trouvent (modérateur dans le cas d'un réacteur). Cette approximation est valable pour notre cas puisque le réacteur Triga Mark II (250 kW) est notre source de neutrons.

$$\Phi(E) = \frac{E}{(kT)^2} \exp(\frac{-E}{kT}) \qquad (3.13)$$

Avec K : constante de Boltzmann = 8.61734×10^{-5} eV.

    b. La section efficace d'atténuation obéit approximativement à une dépendance en **1/v**. La loi d'atténuation neutronique est donnée par:

$$\Phi_t = \Phi_0 \exp(-\Sigma(E).d) = \Phi_0 \exp(-\frac{\Sigma_{th}E_{th}}{E}d) \qquad (3.14)$$

$\Sigma(E)$ est la section efficace macroscopique totale d'atténuation et **d** est l'épaisseur[2] ;

c. Après transmission à travers la matière, l'énergie du neutron est donnée par l'expression: $E=\alpha^{Nc} E_0$, où α est un paramètre de collision élastique, Nc est le nombre de collisions du neutron et E_0 l'énergie du neutron incident [2]. Ainsi le shift en spectre vers les basses énergies sera donné par :
$$\Delta E = (1 - \alpha^{Nc})E_0 .$$

d. Le nombre de collisions élastiques est donnée par: Nc = d.Σ_s, où Σ_s représente la section efficace macroscopique de diffusion et **d** est l'épaisseur de l'échantillon. Tous les calculs sont pour une épaisseur de 1cm pour tous les échantillons que nous avons étudiés ;

e. L'estimation du déplacement du spectre dû aux collisions inélastique demeure compliqué à modéliser mathématiquement, et ce, vue la complexité du processus. Toutefois, il est possible de le prédire en étudiant les mécaniques d'interactions des neutrons avec l'élément absorbeur concerné (pour notre cas le Bore).

Le déplacement (shift) en énergie peut être calculé pour les différents échantillons en utilisant les valeurs tabulées de Σ_s et μ pour les neutrons thermiques (Tableau 3.1) [2].

Tableau 3.1: valeurs tabulées de μ, Nc et α.

Echantillon	μ (cm^{-1}) ou Σ	Nc	α
Aluminium	0.1	0.084	0.862
Cuivre	0.98	0.66	0.938
Acier	1.16	0.96	0.964
Acier inox boraté	7.3	5.13	0.689

---

[2] Pour l'acier inox boraté : $\Sigma_{th}(totale) = \sum_i \frac{\rho_{mat}}{\rho_i} c_i \Sigma \ (tabulées) = \frac{\rho_{mat}}{\rho_{acier}} c_{acier} \Sigma_{acier} + \frac{\rho_{mat}}{\rho_B} c_B \Sigma_B$.
Les c_i sont les fractions en poids (%) de chaque élément dans la matrice (mat) (1.88% en poids de Bore naturel, Σ_{th}(totale)~7.3cm^{-1}).

3. Effet de la variation de Σ en fonction de l'épaisseur sur le shift en énergie et l'observation du Beam-Hardening. Dans cette troisième étape, nous avons procéder comme suit :

   a. Etude du shift en énergie en fonction de l'épaisseur de l'échantillon en acier inox boraté ;

   b. Détermination du shift en énergie pour une épaisseur de 1cm d'acier inox boraté ;

   c. Etude la variation de la transmission neutronique en fonction de la profondeur traversée pour cet échantillon de 1cm d'épaisseur pour l'interprétation de la manifestation de cet effet.

3 Procédure expérimentale

Le système de détection décrit dans le deuxième chapitre est utilisé pour l'acquisition des images neutroniques. Pour la mesure des niveaux de gris sur ces images digitales le software 'Image Pro Plus" est utilisé. La transmission neutronique est mesurée pour chaque échantillon par la relation suivante:

$$Tr = \frac{I_s - I_b}{I_O - I_b} = \frac{S - D}{O - D} \qquad (3.15)$$

Avec:

- I_s: intensité du faisceau neutronique après atténuation par l'échantillon;
- I_b: intensité dû au bruit de fond (canal fermé, background);
- I_O : intensité neutronique du faisceau directe sans échantillon (Open beam);
- S, D et O sont les niveaux de gris correspondants.

Dans le but de mesurer la dépendance de la transmission neutronique en fonction de l'épaisseur des nombres convenables de plaques minces d'une même épaisseur des différents échantillons ont été préparées. L'augmentation de l'épaisseur pour chaque matériau d'un point de mesure à un autre se fait par la superposition d'une ou plusieurs plaques par rapport au point précédent. Les temps d'exposition, les nombres et les épaisseurs des plaques sont reportés dans le tableau 3.2.

Tableau 3.2: épaisseurs des échantillons et temps d'exposition.

Matériaux	Variation de l'épaisseur en mm (nombre de plaques)	Le pas[3] en mm	Temps d'exposition en seconde
Aluminium	de 3 à 60 (20p)	3 puis 6	35
Cuivre	de 3 à 30 (10p)	3	35
Acier	de 1.4 à 28 (20p)	1.4	35
Acier inox boraté	de 1.37 à 34.25 (25p)	1.37	60

4 Résultats et discussions

4.1 Transmission Neutronique

Les résultats de la caractérisation de la transmission neutronique des différents échantillons investigués sont présentés sur la figure 3.2, où les valeurs tabulées de Σ sont comparées aux résultats de mesures. Il est clair qu'une grande déviation en fonction de l'épaisseur entre Σ tabulée et Σ mesurée est observée pour l'échantillon en acier inox boraté. La déviation par rapport à la valeur tabulée est faible pour le cas des échantillons en acier et en cuivre et négligeable (insignifiante) pour le cas de l'aluminium.

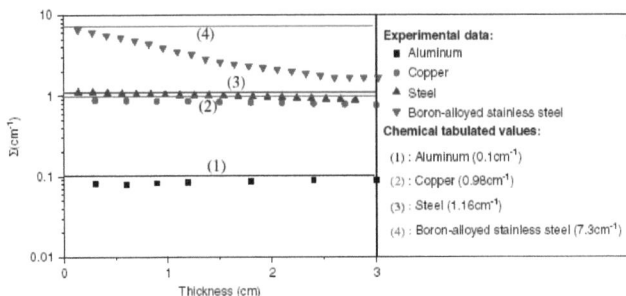

Fig.3.2: Comparaison entre les valeurs tabulées (calculées) et celles mesurées de Σ en fonction de l'épaisseur

---

[3] Le pas est l'épaisseur additionnelle que nous ajoutons à chaque fois pour l'augmentation de l'épaisseur de l'échantillon.

La constante **H** donnée par (3.9) est égale à 1.835×10^{-2} pour l'écran scintillateur type LiF+ZnS(Ag). Comme il a été déjà mentionné, la densité surfacique du Bore ρ_s pourrait être déterminée à partir de la transmission neutronique **Tr** de l'acier inox boraté. Ainsi, nous allons écrire **Tr** en fonction de ρ_s. Le paramètre **K** de l'absorbeur est égal, pour notre cas, d'après (3.5) à **36.12ρ_s**. Par conséquent, la transmission neutronique **Tr** est donnée par:

$$Tr = \frac{F(36.12\rho_s) - F(36.12\rho_s + 0.01835)}{0.0090} \quad (3.16)$$

La méthode numérique de Simpson est utilisée pour la résolution de **F(u)** sous les conditions suivantes [35]:

- L'intégral est pris entre 0.0001 à 10;
- La résolution s'est effectuée sous MATLAB 6.1.
- L'erreur est 10^{-6} ($0 \leq u \leq 50$).

La solution est présentée, graphiquement, sur la figure (3.3).

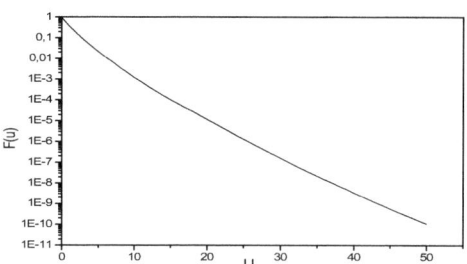

Fig.3.3: résolution numérique de F(u) en fonction de u

Par cette résolution, le graphe présentant la forme générale de la variation de la Transmission neuronique (Tr) en fonction de la densité de surfacique du Bore dans l'échantillon d'acier inox boraté est tracée (Fig.3.4) en utilisant la formule (3.16). La courbe obtenue peut être utilisée comme un abaque pour la détermination de la densité surfacique du Bore pour la valeur de transmission neutronique correspondante. Pour l'extraction d'une expression analytique présentant la variation de **Tr** en fonction de ρ_s (3.17), un fit exponentiel est appliqué aux données de calcul dont le facteur de régression est très proche de 1 (0.99749).

$$Tr = (0.89 \pm 0.01)\exp(\frac{-\rho_s}{0.0247 \pm 0.0004}) + (0.011 \pm 0.002) \quad (3.17)$$

L'équation (3.17) est utilisée pour la détermination théorique de la variation de la section efficace macroscopique effective Σ (Σ=-Log(Tr/d)) en fonction de l'épaisseur **d**. Le résultat est donné par l'équation suivante:

$$\Sigma = -\frac{Log(0.011 \pm 0.002) + (0.89 \pm 0.01)e^{\frac{0.1559d}{0.0247 \pm 0.0004}}}{d} \quad (3.18)\ [4]$$

Sur la figure (3.5) sont comparés les variations expérimentale (Fig.3.2) et théorique de Σ en fonction de l'épaisseur (d). Les résultats expérimentaux obtenus pour l'échantillon d'acier inox boraté s'avèrent en bon accord avec les prédictions théoriques.

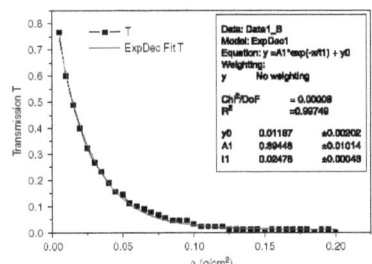

Fig.3.4 : variation de transmission neutronique en fonction de la densité surfacique du Bore dans l'échantillon en acier inox boraté

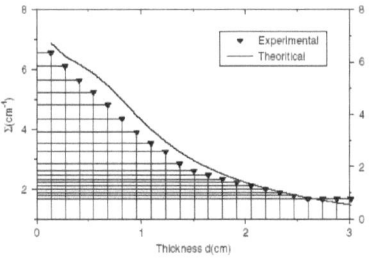

Fig.3.5: Comparaison entre les sections efficaces macroscopiques Σ calculée et mesurée de l'échantillon en acier inox boraté en fonction de l'épaisseur

---

[4] Le "log" indique le logarithme Népérien. Une singularité au voisinage de d=0 est observée.

Dans le but d'avoir une estimation sur l'épaisseur limite à partir de laquelle le nombre de neutron transmis devient faible, voir négligeable, l'évolution de la transmission neutronique (Tr) en fonction de l'épaisseur (d) est, aussi, étudiée. A partir de l'équation (3.17), la variation de **Tr** en fonction de **d** peut être extraite par l'introduction de la relation entre (ρ_s) et (d). Nous obtenons, ainsi, la relation suivante:

$$Tr = (0.98 \pm 0.01)\exp(\frac{-0.1559.d}{0.0247 \pm 0.0004}) + (0.011 \pm 0.002) \qquad (3.19)$$

Quelques valeurs de transmissions neutroniques correspondantes à différentes épaisseurs sont présentées sur le tableau (3.3). Nous remarquons que pour une épaisseur inférieure à 0.0150 cm, l'acier inox boraté est pratiquement transparent au faisceau neutronique thermique (T~1). Si nous augmentons l'épaisseur de l'échantillon, ce matériau devient de plus en plus résistant à la transmission neutronique et pour une épaisseur supérieure ou égale à **1cm** il devient presque opaque aux neutrons (Tr~0.011). Ces résultats sont vérifiables sur la figure 3.4.

Tableau 3.3: Transmission neutronique de l'acier inox boraté en fonction de l'épaisseur.

Epaisseurs (cm)	Transmission Tr(%)
0.015	~1(100%)
0.05	0.664(66.4%)
0.1	0.448(44.8%)
0.2	0.265(26.5%)
0.5	0.050(5%)
0.7	0.022(2.2%)
1	0.013(1.3%)
1.1	0.012(1.2%)
1.4	0.011(1.1%)
1.5	0.011(~1.1%)
2	0.011(<1.1%)

4.2 Section Efficace effective et densité surfacique du Bore

La densité volumique du Bore est mesurée pour l'échantillon en acier inox boraté par spectroscopie de masse [21]. La variation de la section efficace effective d'atténuation (coefficient linéaire d'atténuation) peut être tracée en fonction de la densité de surfacique du Bore dans l'échantillon étudiée en exploitant l'équation (3.19). Le résultat est présenté sur la figure 3. 6.

$$\Sigma = \frac{-0.1559 \log\left[(0.011 \pm 0.002) + (0.89 \pm 0.01)e^{-\frac{\rho_s}{0.0247 \pm 0.0004}}\right]}{\rho_s} \quad (3.20)$$

Les valeurs expérimentales des densités surfaciques peuvent être comparées à ceux calculées ($\rho_s = \rho.d$). La figure (3.7) illustre cette comparaison. Un très bon accord est obtenu entre les valeurs expérimentalement mesurées et ceux théoriquement calculées en fonction de l'épaisseur (d) de l'échantillon étudié. La petite déviation (Fig.3.7) est due au fait que la distribution du Bore est supposée homogène, ceci d'une part et aux erreurs systématiques de mesure, aux erreurs d'approximation ainsi qu'à l'estimation de la densité volumique du Bore dans l'échantillon d'autres parts [29].

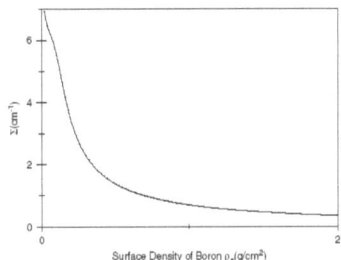
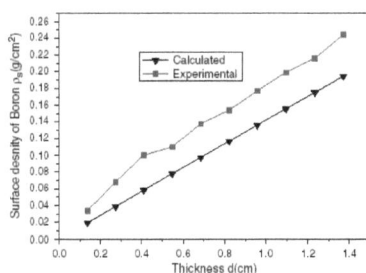

Fig.3.6 : variation théorique (calculée) de Σ en fonction de l'épaisseur (d) pour l'échantillon en acier inox boraté

Fig.3.7 : variation expérimentale et théorique de la densité surfacique du Bore (ρ_s) en fonction de l'épaisseur (d) dans l'échantillon étudié

4.3 Durcissement du Spectre

Après l'étude et l'analyse de la transmission neutronique des différents échantillons étudiés et la mesure de la densité surfacique de l'absorbant (Bore) pour le cas de l'acier inox boraté, la grande déviation observée de la section efficace effective Σ en fonction de l'épaisseur par rapport à la valeur tabulée pour le cas de l'acier inox boraté peut être expliquée par l'effet du durcissement du spectre. En effet, il est admis que le coefficient linéaire d'atténuation des neutrons thermiques (μ ou bien Σ) est indépendant de l'épaisseur de l'échantillon. Comme il a été déjà présenté, des déviations insignifiante pour l'Aluminium, négligeable pour le cas du cuivre et de l'acier mais appréciable pour le cas de l'acier inox boraté sont observées. L'explication réciproque la plus admissible de l'observation de cette déviation est le déplacement (shift) du spectre énergétique du faisceau incident vers les hautes énergies en fonction de l'épaisseur traversée. C'est donc l'effet du durcissement du faisceau (Beam Hardening) qui responsable de cette déviation. Cet effet n'est observable que pour les matériaux fortement absorbant aux neutrons comme l'acier inox boraté.

Pour la mise en évidence l'interprétation de cet effet (Beam hardening), des mesures sur les shifts en énergie moyens du spectre du faisceau incident, particulièrement, pour l'acier inox boraté sont effectuées. Dans ce contexte, une méthode de calcul théorique pour l'estimation de ce déplacement du spectre pour 1cm d'épaisseur est développée. Le spectre incident est supposé Maxwellien (3.13). Les mécanismes responsables de ce déplacement que nous avons pris en considération sont: la diffusion élastique, la diffusion inélastique et la variation de Σ en fonction de l'épaisseur.

4.3.1 Effet de la diffusion élastique

Compte tenu de la distribution du spectre Maxwellien considéré, donnée par (3.13), de la loi d'atténuation donnée par (3.14) et du calcul des données de la diffusion élastique présentées précédemment, le déplacement du spectre (vers les basses énergies) pour chaque matériau est déterminé grossièrement. L'atténuation est calculée pour les Σ totales tabulées (invariant en fonction de l'épaisseur). Les résultats sont présentés sur la figure 3.8 et le tableau 3.4. Il est à noter que le shift en énergie dans le cas de la diffusion élastique est vers les basses énergies ; donc l'évidence que la diffusion élastique ne contribue pas au durcissement du spectre neutronique. Par ailleurs, il est à signaler que la diffusion ne contribue dans le cas de l'échantillon boraté que de ~ 1/200 dans l'atténuation en intensité ; elle peut carrément être négligée dans l'atténuation et dans le shift en énergie du spectre.

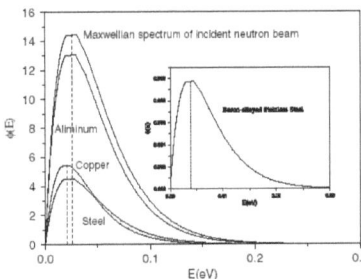

Tableau 3.4: déplacement en énergie moyenne par rapport au spectre du faisceau incident après traversée d'un 1cm d'épaisseur dû à la diffusion.

Echantillon	Déplacement (eV)
Aluminium	~0
Cuivre	<0.005
Acier	<0.005
Acier inox boraté	~0.021

Fig.3.8: estimation théorique du spectre du faisceau incident après la traversée de 1 cm dans les différents échantillons étudiés en tenant compte seulement de la diffusion élastique.

4.3.2 Effet de la diffusion inélastique

La diffusion inélastique est difficile à modéliser du fait qu'elle ne peut pas être traitée comme des collisions (chocs classiques) à cause de la création d'un noyau composé dans ce processus. Ce mécanisme d'interaction pour le cas de l'échantillon (Bore) peut être négligé du fait qu'il contribue peu dans l'interaction et par conséquent dans l'atténuation des neutrons.

4.3.3 Effet de la variation de la section efficace en fonction de l'épaisseur

Cette variation (diminution) en fonction de l'épaisseur de l'échantillon est trouvée négligeable pour les cas de l'Aluminium, le Cuivre et l'Acier et très significative pour le cas de l'acier inox boraté (fort absorbant) qui est le cas

intéressant pour notre étude (Fig.3.2). Pour l'estimation du shift dû à la diminution de Σ en fonction de l'épaisseur de l'échantillon (d), une méthode analytique est utilisée. Tout d'abord, il est à signaler que pour le cas du Bore, qui est un fort absorbant, La dépendance de Σ en fonction de l'énergie (E) doit être prise en considération. Notons que, généralement, dans le calcul de l'atténuation neutronique, l'approximation de la section efficace d'atténuation, qui est fonction de l'énergie, par la valeur de la section efficace effective moyenne (tabulée) pour E_{th}=0.025 eV pour le cas des neutrons thermiques est valable et donne de bons résultats lorsqu'il s'agit d'un matériau qui présente une atténuation faible ou moyenne. Pour notre échantillon d'acier inox boraté, l'atténuation étant très fort dans les premières couches de l'échantillon et par conséquent le pic (E_0=0.025 eV) décroît rapidement en intensité de telle façon que la dépendance de Σ en fonction de l'énergie ne peut être négligée ni approximée. Selon cette dépendance, les neutrons de basses énergies disparaissent plus rapidement par atténuation par rapport à ceux des hautes énergies du fait que Σ est inversement proportionnelle à **E** (Σ α(1/E)). Cette proportionnalité permet d'écrire Σ en fonction l'énergie E selon l'expression :
$\Sigma = \frac{E_{th}.\Sigma_{th}}{E}$, où Σ_{th} est la section efficace macroscopique totale correspondante à l'énergie moyenne des neutrons thermique (E_{th}=0.025 eV)   . En portant cette dépendance dans la loi générale d'atténuation en plus de la dépendance de Σ en fonction de **d**, le shift en énergie ($\Delta(E) = E - E_{th}$) en fonction de l'épaisseur (d) pourrait être déterminé par la résolution de l'équation (3.21) et dont la solution est donnée par (3.22).

$$\frac{d}{dE}\left[\frac{E}{(kT)^2}\exp\left(-\frac{E}{kT} - \frac{\Sigma_{th}E_{th}d}{E}\right)\right] = 0 \qquad (3.21)$$

$$E = \frac{1+\sqrt{1+4\frac{\Sigma_{th}E_{th}d}{kT}}}{2/kT} \Rightarrow \Delta E = E - E_{th} = \frac{1+\sqrt{1+4\frac{\Sigma_{th}E_{th}d}{kT}}}{2/kT} - 0.0250 \qquad (3.22)$$

La variation du shift en énergie en fonction de l'épaisseur **d** est illustrée sur la figure (3.9) par l'utilisation des valeurs de Σ expérimentales mesurées et présentés sur la figure (Fig.3.2). Pour le cas d'une épaisseur de 1 cm de notre échantillon d'acier inox boraté, le shift est trouvé égale à ~ 0.036 eV (Fig.3.10).

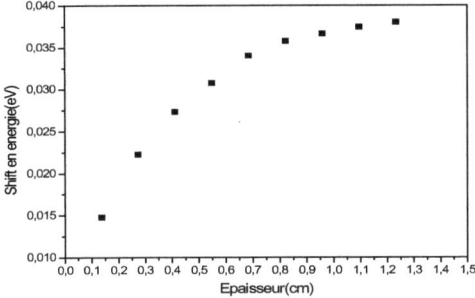

Fig.3.9 : shift en énergie en fonction de l'épaisseur de l'échantillon

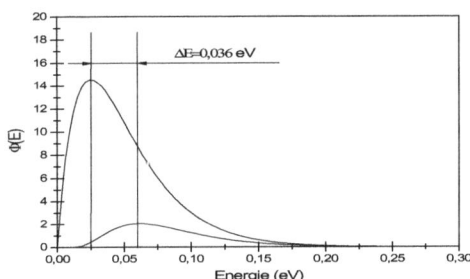

Fig.3.10 : shift en énergie d'un spectre Maxwellien pour 1cm d'épaisseur

Pour une épaisseur de 1cm, le spectre se durcie de ~0.036 eV. Pour l'interprétation de ce shift, l'étude de la variation de la transmission neutronique en fonction de la profondeur traversée pour un échantillon d'acier inox boraté de 1cm d'épaisseur s'avère très utile. A cet effet, l'épaisseur de 1cm est échantillonnée en plusieurs couches (n=8) chacune d'épaisseur 0.137cm. Ceci pour pouvoir exploiter les Σ mesurées pour des épaisseurs variant avec un pas (S) de 0.137 (épaisseur de chaque plaque) qui sont présentées sur la figure 3.2.

Les transmissions en profondeur pour chaque couche sont calculées par la formule (3.23) ou n varie de 1 à 8 à partir des transmissions moyennes mesurées (Fig.3.2). Les valeurs de la transmission en profondeur sont reportées sur le tableau (3.5) et tracées sur la figure (3.11).

$$Transmission_{couche}[(n-1).S \text{ à } n.S)] = \frac{Transmission\_mesurée[(n)S)]}{Transmission\_mesurée[(n-1)S]} \quad (3.23)$$

Tableau 3.5 : échantillonnage et valeurs des transmissions en profondeur

	Profondeur traversée	Σ_t mesurée	Transmission mesurée $(\exp(-\Sigma_{th}.d))$	Transmission en profondeur Tr(n)
1ère couche	0 à 0,137	6,65	0,4021(d=0.137cm)	0,4021
2ème couche	0.137 à 0,274	6	0,19321(d=0.274cm)	0,4805
3ème couche	0.274 à 0,411	5,45	0,10646 (d=0.411cm)	0,551
4ème couche	0.411 à 0,548	4,9	0,06821(d=0.548cm)	0,6518
5ème couche	0.548 à 0,685	4,6	0,04281(d=0.685cm)	0,7051
6ème couche	0.685 à 0,822	4,15	0,033(d=0.822cm)	0,7708
7ème couche	0.822 à 0,959	3,7	0,02877(d=0.959cm)	0,8368
8ème couche	0.959 à 1,096	3,35	0,02544(d=1.096cm)	0,8426

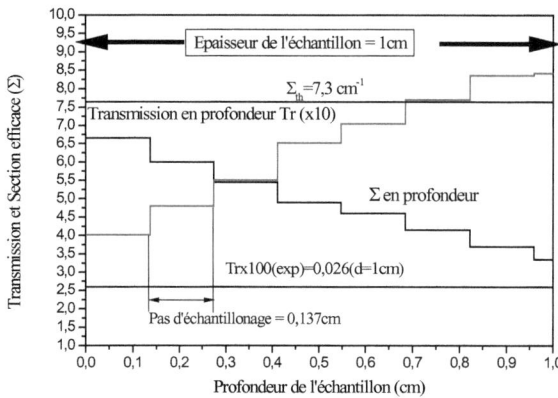

Fig.3.11 : variation en profondeur de la transmission neutronique pour un échantillon d'acier inox baraté de 1 cm d'épaisseur

Sur la figure 3.11, il est constaté que la transmission en profondeur augmente en fonction de la distance traversée dans notre échantillon d'épaisseur 1 cm. L'augmentation de la transmission en profondeur confirme bien le durcissement du spectre (Beam Hardening) et le shift vers les hautes énergies mis en évidence par une approche semi-empirique. Pour la validation et la vérification de l'exactitude de la méthode de calcul, il suffit de multiplier les transmissions en profondeur $\prod_{n=1}^{n=8} Tr(n)$ et de voir si le résultat est égal à la transmission moyenne mesurée pour une épaisseur égale à n fois le pas (0.137cm), soit 8x0.137=1.096cm. En effet, les résultats présentés, après calcul, par l'expression 3.24, confirment bien l'exactitude de la démarche et de la méthode.

$$\prod_{n=1}^{n=8} = Tr(n) = 0.0265 = Tr_{mesur\ é(d=1.096cm)} \approx Tr\_mesurée(1cm) = 0.0260$$
(3.24)

Le code Monte Carlo N Particules (MCNP) est utilisé pour l'estimation du shift en énergies sur le même échantillon pour une épaisseur de 1 cm dans la référence [21]. Une valeur du shift en énergie de ~0.035 eV est trouvée. Cette valeur est comparable et presque identique à celle trouvée par l'application de la méthode analytique proposée. Ceci confirme bien la bonne précision des mesures expérimentales et la robustesse de l'approche analytique de calcul que développée.

CHAPITRE 4

Analyse d'Erreurs en Tomographie Neutronique à Transmission

F. Kharfi

1 Les Erreurs en Tomographie Neutronique à Transmission

Le but de la Tomographie neutronique est la production d'une image en 2 ou 3 dimensions par la réalisation de plusieurs projections par transmission sur un objet d'intérêt. La précision et la qualité du produit final de la tomographie (image 2D ou 3D) dépend de plusieurs paramètres, en particulier la résolution spatiale du système d'imagerie. Par ailleurs, cette précision est aussi limitée par des contraintes statistiques et instrumentales. En Tomographie neutronique par transmission, les principales sources d'erreurs statistiques sont les fluctuations de l'intensité du faisceau neutronique pendant l'exposition et l'insuffisance des données due à la limitation du nombre de projections. D'autres sources d'erreurs statistiques connues sont les bruits de fond gamma et de lumière qui se manifestent derrière l'écran scintillateur et le bruit de fond de la caméra CCD (read-out noise). Les sources d'erreurs systématiques les plus connues en Tomographie neutronique sont celles relatives au profile du faisceau neutronique (uniformité et homogénéité spatiale), à l'inhomogénéité de l'écran scintillateur, aux diffusions des neutrons par l'objet et par le système de détection et à l'efficacité du détecteur. Les erreurs systématiques peuvent être corrigées par l'application de quelques opérations arithmétiques sur les projections tomographiques (pixels). Les erreurs statistiques sont plus difficiles à éliminer et peuvent, dans la plupart des cas, être améliorées par l'application de quelques opérations et procédures de filtrage et par l'augmentation du nombre de projections. Le bruit aléatoire accompagnant les mesures de projection est une autre source d'erreurs qui peut altérer la qualité du volume 3D à reconstruire. Dans ce chapitre, l'étude, l'analyse et le traitement (correction) des erreurs en Tomographie neutronique à transmission est proposée. Des procédures pour l'amélioration et la correction d'erreurs seront appliquées sur des données expérimentales de tomographie neutronique obtenues suite à des expériences réalisées autour de l'installation de Tomographie de l'Institut d'Atomique de Vienne, Autriche (ATI). Notre analyse d'erreurs sera basée sur le mécanisme de formation et de reconstruction 2 ou 3D d'image en tomographie neutronique. Ainsi, on commence par les erreurs relatives au système de détection et à la qualité du faisceau d'exploration et puis on passe à celles relatives au processus de reconstruction lui même.

L'analyse et la correction d'erreurs en Tomographie neutronique sont des tâches ardues qui nécessitent une bonne compréhension des sources d'erreurs et la manière de leurs propagations. Les erreurs étudiées et discutées dans ce chapitre sont propres au processus de projection et de reconstruction d'images par FBP et dépendent étroitement du système de détection utilisé et des procédures de reconstruction 2 ou 3D d'images suivies. L'effet de ces erreurs sur la qualité d'image peut être éliminé ou bien amoindri par l'augmentation du nombre de projections, l'application d'opérations mathématiques sur les projections et le filtrage durant les différentes étapes du processus de reconstruction. Dans ce travail, le système de détection utilisé est composé d'une caméra CCD à 16 bits, d'un scintillateur de type LiF+ZnS(Ag) et d'un miroir en Aluminium. Les caractéristiques de ce système sont décrites dans le chapitre 2. Le processus ainsi que l'algorithme de rétroprojection filtrée (FBP) ont été utilisés pour la reconstruction 3D d'images.

2 Sources d'erreurs et procédures de correction

2.1 Erreurs dues au bruit de la caméra et courant noir

Les erreurs dues au bruit de fond (offset) de la caméra doivent être prises en considération. Généralement, pour l'élimination de ces erreurs, on procède comme suit : des images à canal d'irradiation fermée (Fig.4.1) (pas de faisceau neutronique) sont prises pour différents temps d'exposition de la caméra (Dark Images DI). L'image moyenne des DI est, ensuite, soustraite de toutes les projections y compris les images à faisceau direct (Open Beam images) qui sont utilisées pour d'autres corrections d'erreurs.

Fig.4.1 : trois images DI pour un temps d'exposition de 40s

2.2 Erreurs dues à la contamination γ et aux fluctuations du faisceau neutronique

2.2.1 Contamination gamma (γ) du faisceau neutronique

Le réacteur étant la source de neutron utilisé, il est évident que le faisceau neutronique soit contaminé par le rayonnement gamma. Pour le système d'imagerie que utilisé en tomographie neutronique, cette contamination gamma constitue un sérieux problème et nécessite d'être éliminée ou bien réduite à un niveau très bas. Le filtrage physique des gammas ne peut garantir la réduction de la contamination gamma à zéro. Pour considérer que l'image obtenue soit due essentiellement aux neutrons le rapport neutron sur gamma (n/γ) doit être supérieur à une certaine valeur recommandée (10^5 n/cm^2.mR) [36]. La proportion des gammas qui accompagne le faisceau neutronique, même après filtrage physique du faisceau, causera l'apparition de spots blancs sur les projections qui induisent des artefacts en forme de filets (streaks) sur l'image 3D reconstruite. Les images de la figure (4.2) sont des exemples de projections sur lesquelles les spots blancs sont visibles qui réduisent leurs qualités.

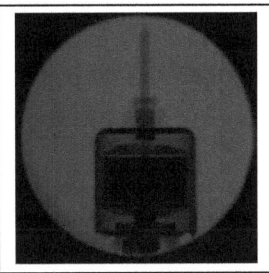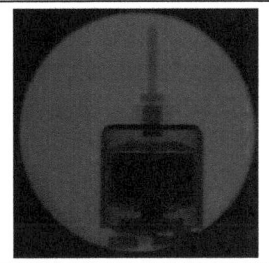

Fig.4.2 . projections originales N° 50, 100 et 200

Pour remédier à cette source d'erreur, les données de projection sont, généralement, soumises à un filtre médian ou chaque pixel présentant un niveau de gris très écarté par rapport aux niveaux de gris des pixels de son voisinage verra son niveau de gris remplacé par la médiane des niveaux du voisinage. Dans notre cas, le niveau de filtrage le plus approprié est 0.2 [23]. Sur la figure suivante (4.3) sont présentées les projections corrigées.

Chapitre 4 : Analyse d'Erreurs en Tomographie Neutronique à transmission

Fig.4.3 : projections filtrées N° 50, 100 et 200

2.2.2 Stabilité du réacteur pendant le fonctionnement (fluctuations temporelle)

La variation de l'intensité du faisceau neutronique pendant l'exposition peut, aussi, constituée une source d'erreur. Pour l'étude et la quantification de cette erreur, la procédure suivante est suivie. Pendant une durée d'exposition proche de celle indispensable pour le processus de projection en TN (environ 9000 s soit ~ 2.5 h), des projections sont prises (21 au total) à des intervalles de temps égaux. Le temps d'exposition choisi est 40 s pour chaque projection et l'intervalle de temps entre deux projections est de 400 s. Sur les 21 images obtenues, des mesures de niveau de gris sur des lignes de profiles identiques sont effectués. Les lignes de profile choisies ont toutes une coordonnée sur l'axe des y fixe (y=165) et variant sur l'axe des x de x=300 jusqu'à x=354 ; Ce qui permet un balayage optimal pour l'estimation du niveau de gris moyen sur chaque image et la détermination de l'erreur relative. Chaque ligne de profile est minutieusement choisie presque au milieu du spot du faisceau neutronique pour répondre à l'exigence de mesure sur le même endroit de chaque image des 21 obtenues. Tout en supposant que le niveau de gris est proportionnel à l'intensité du faisceau neutronique qui l'a induit ; ce qui est vrai pour ce type de système de détection caractérisé par un large rang dynamique et une très bonne linéarité de sa réponse. Quelques exemples de lignes de profile mesurés sur les 21 images obtenues sont présentés sur la figure (4.4). Sur la figure (4.5) est présentée la variation de l'intensité du faisceau neutronique en fonction du temps pendant l'exposition en termes de niveau de gris. La déviation standard de l'intensité est estimée à 0.690 %. Le réacteur Triga Mark de l'ATI est donc très stable. Le résultat est vérifié et comparé aux données présentées dans la référence [37].

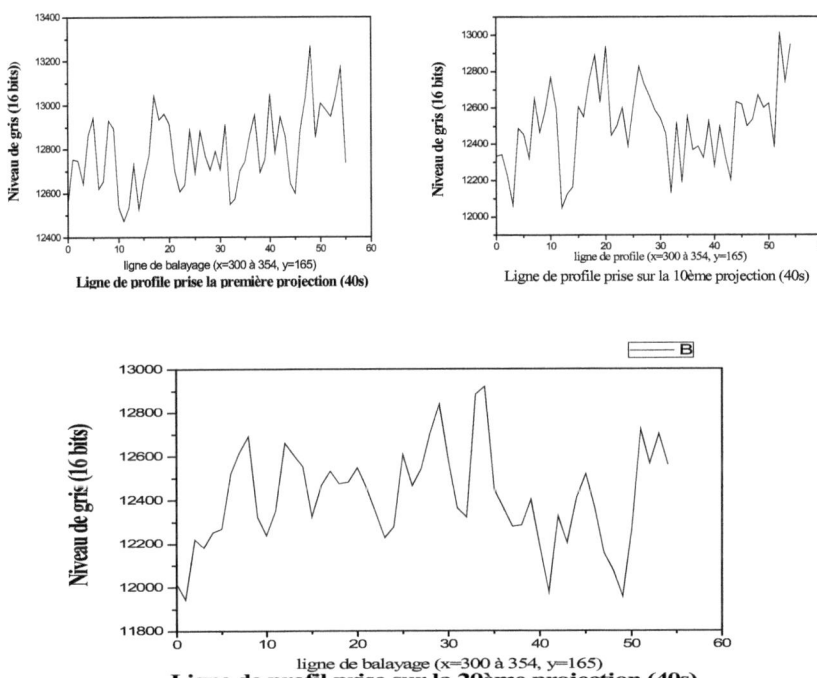

Fig.4.4 : quelques exemples de lignes de profiles mesurés sur quelques projections

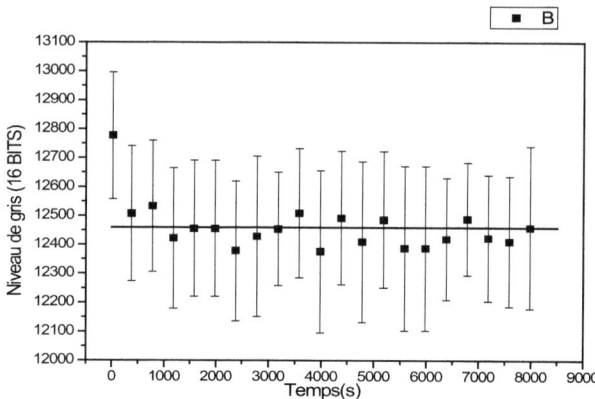

Fig.4.5: variation de l'intensité du faisceau neutronique en fonction du temps

Pour corriger les erreurs due à l'instabilité du faisceau, des images à faisceau directe (Open Beam) sont prises pendant le processus d'exposition (généralement, au début et à la fin). Toutes les projections seront corrigées par la division de toutes les projections par rapport à l'image « Open Beam » moyenne.

2.2.3 Uniformité et Homogénéité spatiale du faisceau

Pour l'étude des erreurs dues à cette contrainte, une expérience pour le traçage du profile 2D de la section du faisceau neutronique (spot) est réalisée. Cette expérience permet le calcul de la déviation standard (écart type) des points de cette ligne de profile. Pour cette fin, une image du faisceau direct sans obstacle (Open Beam) est prise. A partir de cette image digitale (Fig.4.6), la variation du niveau de gris sur sa surface est tracée (Fig.4.7). Une ligne de profile est, par la suite, choisie au milieu du spot (Fig.4.6) et la variation du niveau de gris tout au long de cette ligne est tracée sur figure 4.8. La déviation standard par rapport à la moyenne est estimée à partir de la ligne de profile du faisceau à 4.65%. Le faisceau est, donc, d'assez bonne uniformité en terme d'intensités et présente ainsi une bonne collimation. Toutefois, la correction de ces 4.65% d'écart est nécessaire sur les données de projections avant de faire la reconstruction 3D.

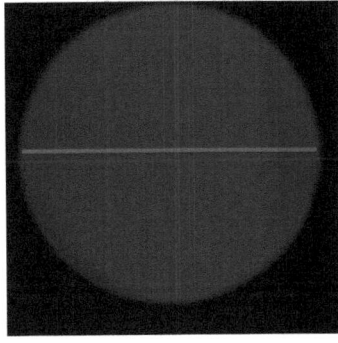

Fig.4.6 : image du faisceau direct (Open Beam)

Fig.4.7: représentation 3D de la variation du niveau de gris de l'image « Open Beam »

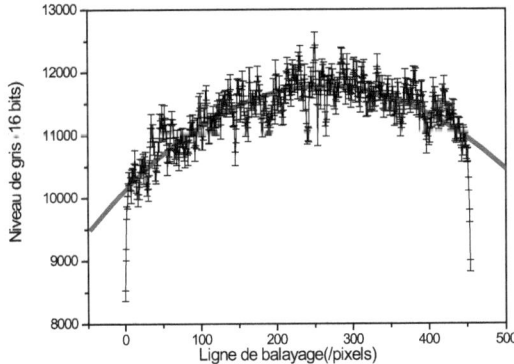

Fig.4.8: variation du niveau de gris suivant une ligne du profile choisie sur la section du faisceau neutronique (voir Fig. 4.6)

Pour corriger les erreurs dues au non uniformité du faisceau neutronique, un niveau de gris moyen est mesuré sur une région du détecteur (ROD) choisie au milieu d'une projection et loin de l'ombre de l'objet (image de l'objet). Pour ne pas risquer de choisir cette région sur l'image de l'objet, le choix est généralement effectué sur l'image différentielle sommant toutes les projections (Fig.4.9). Les niveaux de gris de toutes les projections seront ajustés par rapport à cette valeur moyenne. Par ailleurs, toutes les valeurs de niveau de gris excédants cette valeur moyenne seront remplacées par cette valeur et toutes les valeurs de niveau de gris négatives seront mises égales à 0.

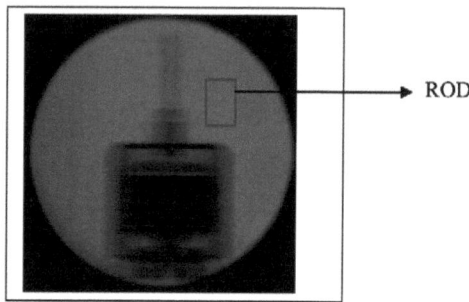

Fig.4.9 : superposition de toutes les projections

2.3 Erreurs dues à l'insuffisance des données de projection

Une géométrie à faisceau parallèle, comme pour le cas de la plupart des installations de tomographie neutronique, requiert des projections avec une séparation équi-angulaire entre 0° et 180°. La dernière projection à 180° n'est pas utilisée pour la reconstruction mais pour le calcul du centre de rotation (COR). Les projections idéales sont ceux qui ne présentent aucun bruit (noise). Mais, dans la pratique, ce n'est jamais le cas. Le bruit est toujours présent dû à la nature statistique du processus de mesure. Les détecteurs utilisés en Tomographie (caméra CCD) doivent avoir un rang dynamique assez large et par conséquent une large gamme de niveaux de gris. Si le détecteur (caméra CCD) est 12 bits ou moins, il est nécessaire de prendre plusieurs images pour une même projection, c.à.d. à chaque angle de projection. La capacité de codage du détecteur caméra CCD est une source d'erreur qui mérite, aussi, d'être traitée. D'autre part, une autre source d'erreur liée aux données de projection est celle due au manque de données de projections. Un manque dans les données de projections peut se produire si le nombre de projections est très réduit ou par un sous échantillonnage des projections [38]. Les distorsions qui surgissent par ce manque de données sont appelées les distorsions de crénelage. Ces distorsions peuvent, aussi, être causées par un sous dimensionnement de la grille de visualisation des images reconstruites.

En tomographie neutronique, le nombre de projections doit être du même ordre que le nombre de rangées de pixels dans une seule projection [39]. Pour **P** projections de **N** rangées de pixels sur 180°, l'incrémentation angulaire $\Delta\theta$ entre deux projections successives dans l'espace de Fourier est donnée par [40] :

$$\Delta\theta = \frac{\pi}{P} \qquad (4.1)$$

Pour une distance **D** entre deux rangées voisines, la fréquence spatiale la plus élevée mesurée (ω_{max}) dans la projection est donnée selon le théorème de Nyquist [41] par :

$$\omega_{max} = \frac{1}{2D} \qquad (4.2)$$

Dans le domaine fréquentiel ça représente le rayon du disque qui contient les valeurs mesurées (Fig.4.10). La distance **d** entre deux valeurs consécutives du cercle est donnée par:

$$d = \omega_{max} \cdot \Delta\theta = \frac{1}{2D}\frac{\pi}{P} \qquad (4.3)$$

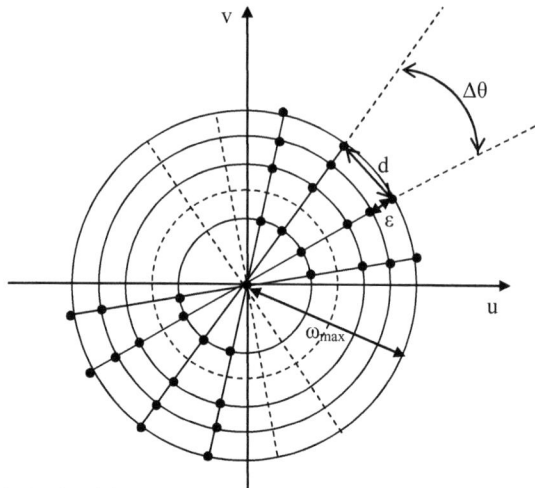

Fig.4.10 : densité des valeurs mesurées dans le domaine fréquentiel

Pour **N** valeurs mesurées de chaque projection dans le domaine spatial correspondent **N** valeurs mesurées dans le domaine fréquentiel (pour chaque raie mesurée). Par conséquent, la distance ε entre deux valeurs consécutives mesurées sur une ligne radiale (diamètre) dans le domaine fréquentiel est donnée par :

$$\varepsilon = \frac{2\omega_{max}}{N} = \frac{1}{DN} \qquad (4.4)$$

Pour que la plus mauvaise résolution azimutale(d) dans le domaine fréquentiel coïncide avec la résolution radiale (pas d'échantillonnage, ε), la condition suivante est exigée :

$$\frac{1}{2D}\frac{\pi}{P} \approx \frac{1}{DN} \qquad (4.5)$$

Ainsi, le rapport entre le nombre de projections (P) et le nombre de rangées (N) doit être de l'ordre de π/2 (P/N≈π/2).

Un nombre insuffisant de projections risque de produire une image finale 3D après reconstruction qui présente beaucoup d'artefacts. Dans la pratique de Tomographie, la plupart des détecteurs ne peuvent mesurer au dessous de la résolution nominale de Nyquist déterminée par leur taille de pixel. Le faisceau neutronique qui n'est pas, parfaitement, parallèle est, aussi, une autre source d'erreurs sur les mesures obtenues par tomographie neutronique à faisceau supposé parallèle.

Un nombre insuffisant de projection engendre en pratique des artefacts comme ceux de l'exemple présenté sur la figure (4.11) [42]. Dans cet exemple, les données de projections sont de dimensions (64x64 bit) d'où le nombre **N** de rangées est égal à 64. Comme il est déjà démontré, un nombre **P** de projection de l'ordre 100 ($P/N \approx \pi/2$) est suffisant pour produire une image reconstruite acceptable. Pour le cas de cet exemple, il est clair qu'à partir de 64 projections, l'image reconstruite est la plus proche à l'image originale.

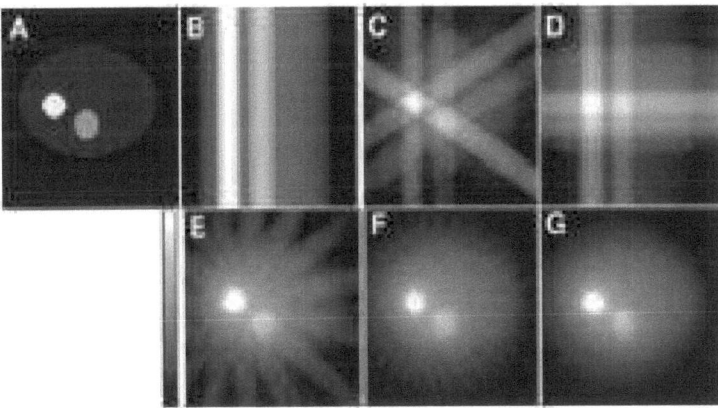

Fig.4.11 : résultat de la reconstruction 2D d'un objet et génération d'artefacts : (A) image originale, (B) 1 projection (C) 3 projections (D) 4 projections (E) 16 projections (F) 32 projections (G) 64 projections.

Le nombre de projection n'est pas le seul paramètre qui affecte l'image reconstruite. L'échantillonnage des projections (nombre de rangées, raies, ou bien le nombre d'échantillons par projection) et les dimensions de la grille de reconstruction affecteront aussi l'image reconstruite. Pour la démonstration de l'effet de ses deux dernières contraintes, la simulation de la reconstruction d'un fantôme de composition et de géométrie bien choisies (Fig.4.12) est considérée. Pour cette simulation, la méthode de rétroprojection filtrée (FBP) sous les conditions indiquées sur le tableau 4.1 est utilisée pour la reconstruction 2D de l'image. La simulation est effectuée par un simulateur de tomographie utilisé pour les rayons (CT-sim) adapté pour le cas la Tomographie aux neutrons.

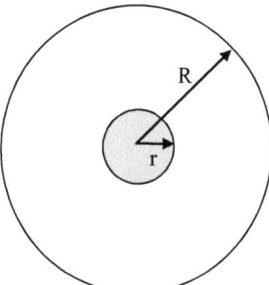

Fig.4.12 : objet simulé

La fonction de ce fantôme $f(x,y)$ est donnée par :

$$f(x,y) = \begin{cases} g & \text{pour } x^2 + y^2 \leq r^2 \\ \frac{g}{4} & \text{pour } r^2 \leq x^2 + y^2 \leq R^2 \\ 0 & \text{ailleurs} \end{cases} \qquad (4.6)$$

Où **r** et **R** sont, respectivement, les rayons du petit et du grand cercle et **g** est le niveau de gris induit choisi arbitrairement entre 0 et 1 selon la composition des deux parties de l'objet simulé.

Tableau 4.1 : conditions de simulation tomographique

Paramètres	Description
Géométrie de la projection	Parallèle
Grille de reconstruction	512x512 pixels
Filtre utilisé	Haming, paramètre=1
Interpolation	Linéaire

Les images présentées sur les figure de (4.13) à (4.16) sont les produits de la reconstruction 2D de cet objet (fantôme) pour différentes valeurs du nombre d'échantillon par projection (N) et du de nombre de projections (P). Les couples (NxP) sont indiqués sous toutes les images reconstruites. La source est supposée ponctuelle et le détecteur aussi. Il est à rappeler que les opérations de copie, de collage et redimensionnement des images produites pour leur présentation sur ce document affectent énormément les détails des images originales obtenues par simulation. Dans le but de permettre la visualisation facile des artefacts sur ce livre, les contours délimitant les détails et les artefacts induits sont intensifiés. Les images reconstruites sont affichées sur une sur une grille de 512x512 pixels. A partir des images reconstruites, les observations et les remarques suivantes sont de mise :

1. sur ces images des artefacts sous forme de phénomène de Gibbs, de filets et des motifs en moiré sont visibles ;
2. les filets sont observés pour **N** petit et **P** grand et sont causés par la contamination des informations des données de projection due au fait que les projections ne sont pas à bande limite ;
3. Les motifs en moiré sont plutôt visibles pour **N** grand et **P** petit.

La meilleure image reconstruite corresponde à **N** grand et **P** grand. Une insuffisance de projections ou un sous échantillonnage provoquent chacun un type d'artefacts sur l'image reconstruite.

Par ailleurs, il est démontré qu'un sous échantillonnage de la grille de reconstruction engendre aussi des erreurs sous formes d'artefacts sur l'image reconstruite [43]. Comme règle générale, et pour produire une image reconstruite de dimensions **NxN** (grille de reconstruction) présentant une meilleure qualité et sans artefacts, il est recommandé que le nombre de projection soit proche du nombre **N** et que chaque projection présente un nombre de raies proche, aussi, de **N** (pas supérieur).

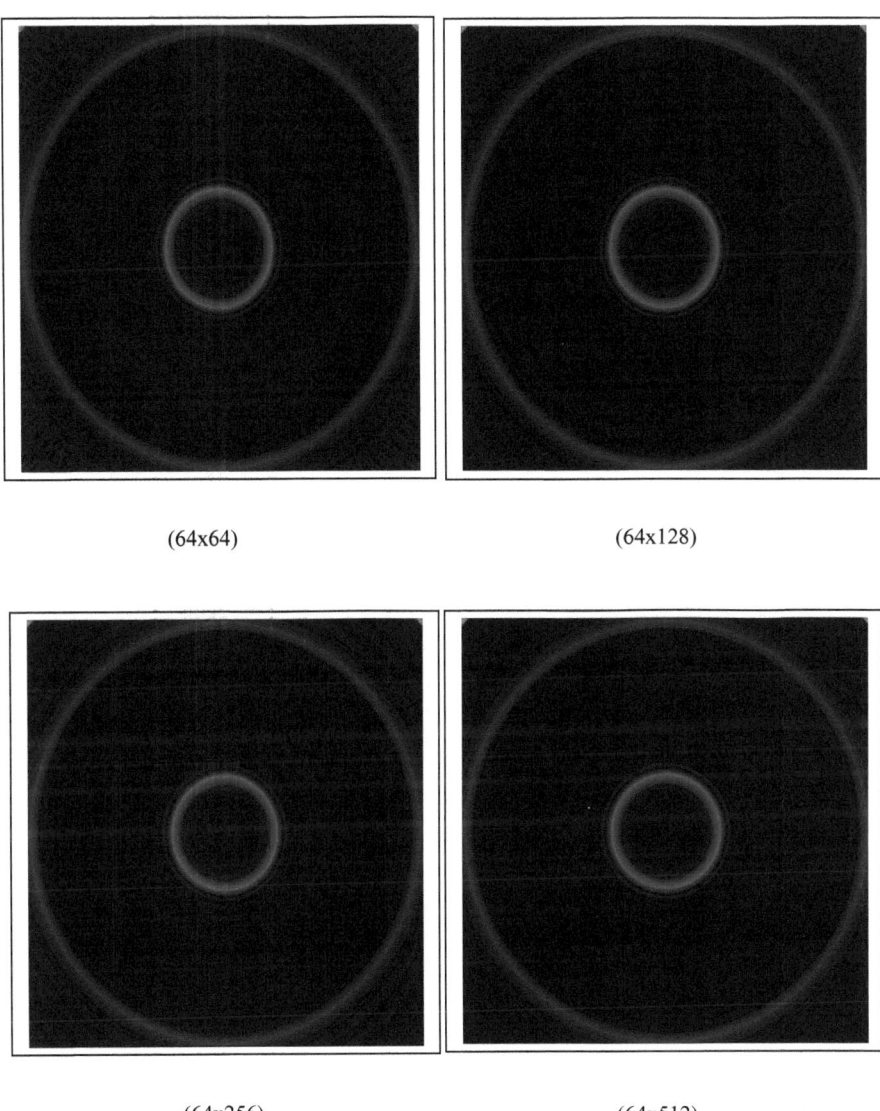

(64x64) (64x128)

(64x256) (64x512)

Fig.4.13 : images reconstruites (N=64, P variable de 64 à 512)

Chapitre 4 : Analyse d'Erreurs en Tomographie Neutronique à transmission

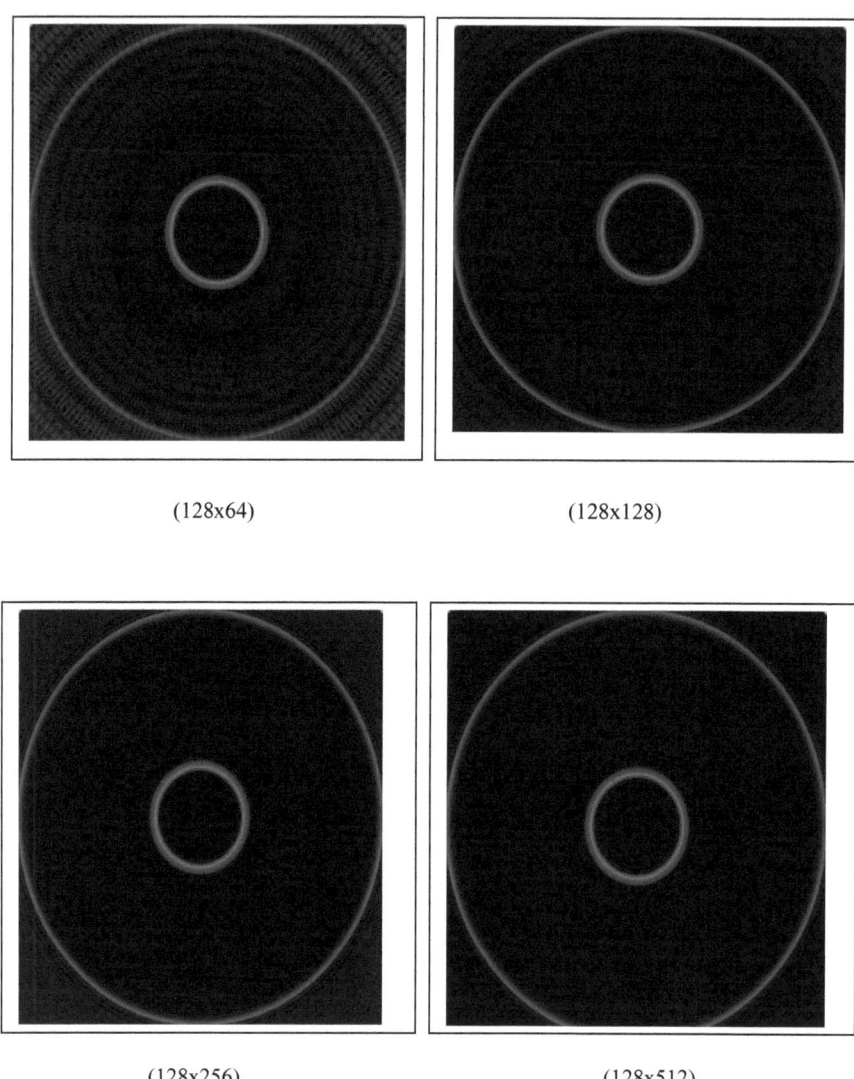

(128x64) (128x128)

(128x256) (128x512)

Fig.4.14 : images reconstruites (N=128, P variable de 64 à 512)

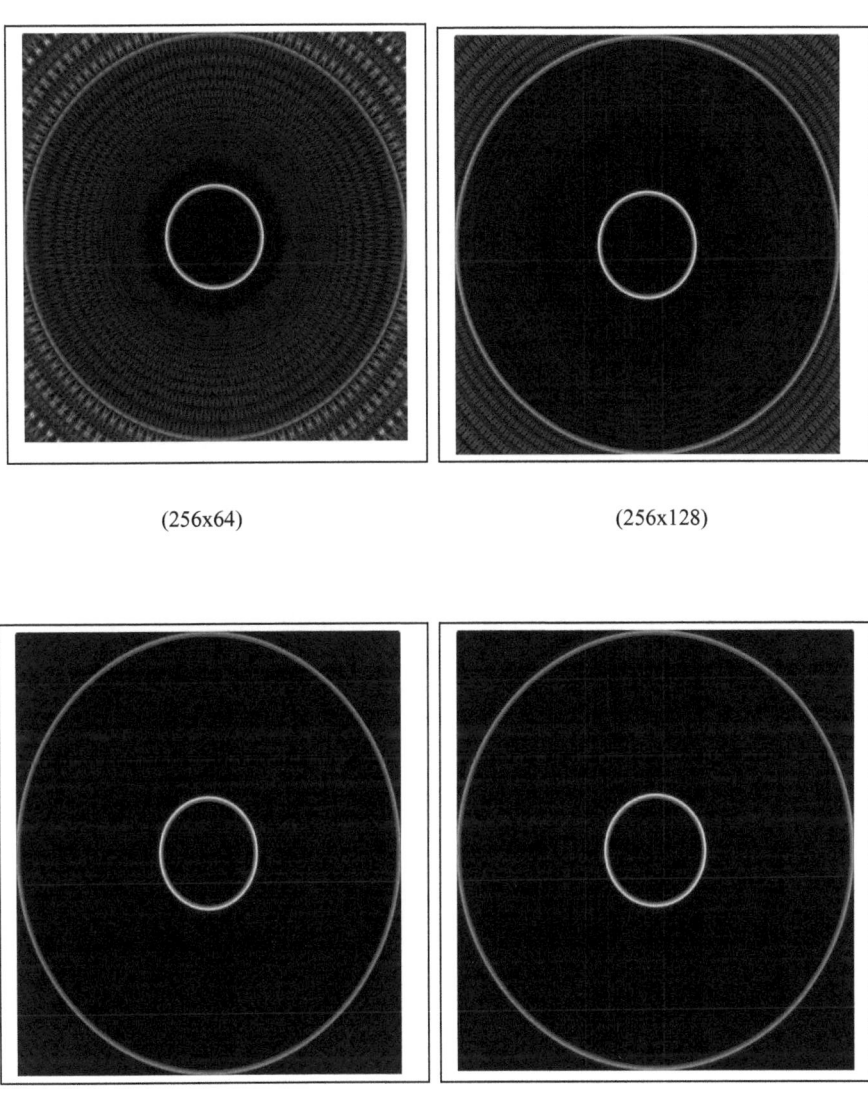

(256x64) (256x128)

(256x256) (256x512)

Fig.4.15 : images reconstruites (N=256, P variable de 64 à 512)

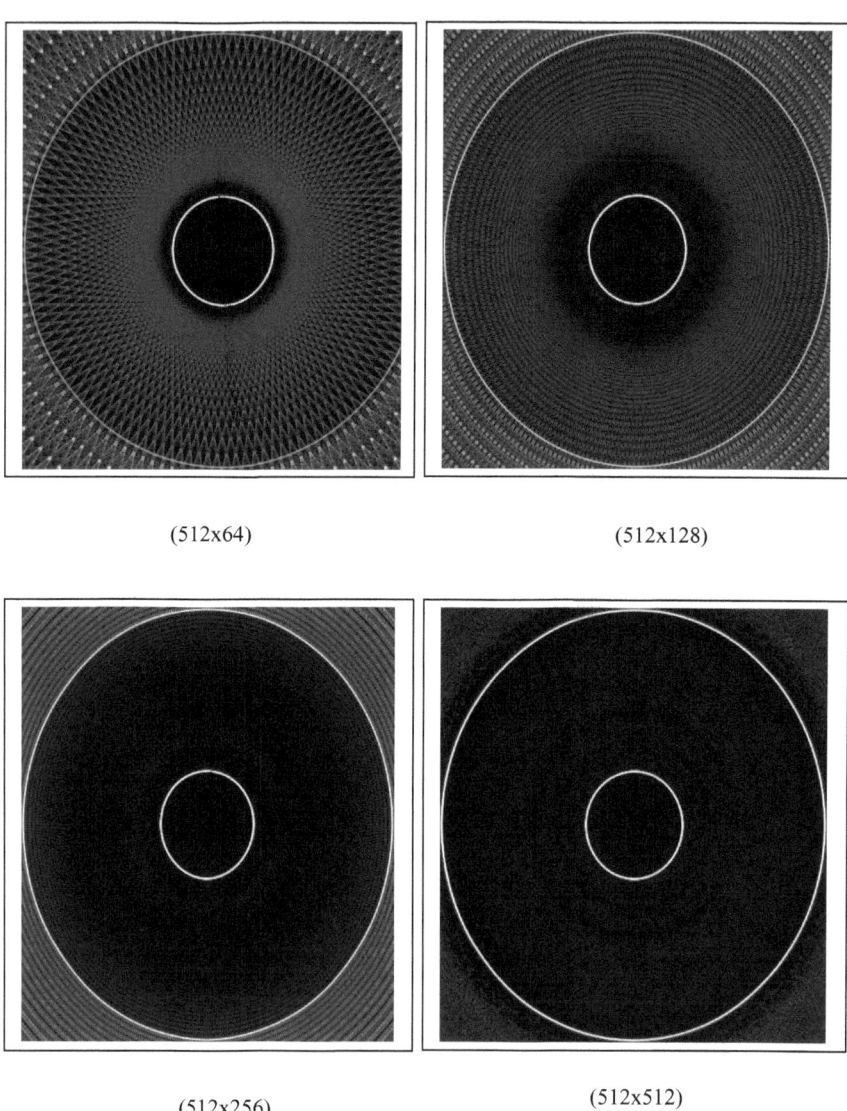

Fig.4.16 : images reconstruites (N=512, P variable de 64 à 512)

2.4 Le Bruit dans l'image à reconstruire par la méthode FBP

Le bruit dans l'image reconstruite pat tomographie est aussi une source d'erreurs qui nécessite d'être étudier et analyser pour sa réduction au minimum. Il y a deux types de bruit à considérer dans une image tomographique [38]. Le premier est celui qui engendre une erreur à variation continue. Il est dû au bruit électrique (instrumentation) ou aux approximations. Ce bruit peut être modélisé comme un simple bruit additif. Ainsi, l'image reconstruite peut être considérée comme étant la somme de deux images, l'image réelle (vraie) et celle résultant de ce bruit. Le second type de bruit est de nature discontinu du fait que la projection et un ensemble de raies. Il est, généralement, modélisé suivant les caractéristiques et la géométrie d'exposition neutronique ou chaque raie d'une projection est induite par une partie du faisceau neutronique pas parfaitement identique à celle de la raie ou des raies voisines. Dans ce dernier cas, la magnitude de l'erreur possible est fonction du nombre de neutrons qui traversent l'élément de volume de l'objet et l'analyse de l'erreur induite devient plus compliquée.

2.4.1 Cas continu

On considère, ici, que chaque projection est contaminée par un bruit additif $v_\theta(t)$. Les projections mesurées, $P_\theta^m(t)$, sont, ainsi, données par [38]:

$$P_\theta^m(t) = P_\theta(t) + \vartheta_\theta(t) \tag{4.7}$$

On suppose, dans ce cas, que le bruit est un processus stationnaire aléatoire et à moyenne nulle (0). Ainsi, ses valeurs sont non-corrélatives pour n'importe quelles deux raies de projections du système. Par conséquent, la fonction d'auto-corrélation est donnée par [44] :

$$E[\vartheta_\theta(t_1)\vartheta_\theta(t_2)] = S_0 \delta(\theta_1 - \theta_2)\delta(t_1 - t_2) \tag{4.8}$$

Comme il a été déjà expliqué dans le chapitre 2, la reconstruction 2D ou 3D d'image par FBP à partir des données de projections passe par une opération de filtrage de chaque projection. La projection filtrée est donnée par l'expression suivante :

$$Q_\theta^m(t) = \int_{-\infty}^{+\infty} S_\theta^m(\omega)|\omega|\, G(\omega) e^{2\pi i \omega t}\, d\omega \qquad (4.9)$$

Où $S_\theta^m(\omega)$ est la transformée de Fourier de $P_\theta^m(t)$ et $G(\omega)$ est le filtre de lissage utilisé. Après l'opération de filtrage vient l'opération de rétroprojection des projections filtrées dont le produit est donné par :

$$\hat{f}(x,y) = \int_0^\pi Q_\theta^m (x\cos(\theta) + y\sin(\theta))d\theta \qquad (4.10)$$

$\hat{f}(x,y)$ est la reconstruction approximative de l'image originale $f(x,y)$. Pour le calcul du bruit, on substitue (4.7) et (4.8) dans (4.10) et on écrit :

$$\hat{f}(x,y) = \int_0^\pi [S_\theta(\omega) + N_\theta(\omega)]|\omega|G(\omega) e^{2\pi i \omega (x\cos(\theta)+y\sin(\theta))} d\omega d\theta \qquad (4.11)$$

avec, $S_\theta(\omega)$ transformée de Fourier de la projection idéale $P_\theta(t)$ et $N_\theta(\omega)$ transformée de Fourier du bruit additif $\vartheta_\theta(t)$.

$$N_\theta(\omega) = \int_{-\infty}^{+\infty} \vartheta_\theta(t) e^{-2\pi i \omega t}\, dt \qquad (4.12)$$

A partir de cette dernière transformée, on peut écrire, compte tenu de (4.8), l'équation de la moyenne (espérance) suivante :

$$E[N_{\theta_1}(\omega_1) N_{\theta_2}^*(\omega_2)] = \int_{-\infty}^{+\infty}\int_{-\infty}^{+\infty} E[\vartheta_{\theta_1}(t_1)\vartheta_{\theta_2}(t_2)] e^{-2\pi i(\omega_1 t_1 - \omega_2 t_2)} dt_1 dt_2 = S_0 \delta(\omega_1 - \omega_2)\delta(\theta_1 - \theta_2) \qquad (4.13)$$

Puisque $N_\theta(\omega)$ est aléatoire, l'image reconstruire déterminée par (4.11) est aussi aléatoire. La valeur moyenne de $\hat{f}(x,y)$ est donnée par :

$$E[f(x,y)] = \int_0^\pi \int_{-\infty}^{+\infty} [S_\theta(\omega) + E(N_\theta(\omega))]|\omega|G(\omega)e^{2\pi i\omega\,(x\cos(\theta)+y\sin(\theta))}d\omega d\theta \quad (4.14)$$

Puisque on traite seulement le cas d'un bruit à moyenne nulle, $E[(N_\theta(\omega)] = 0$. Par substitution dans (4.14), on trouve :

$$E[\hat{f}(x,y)] = \int_0^\pi \int_{-\infty}^{+\infty} S_\theta(\omega)|\omega|G(\omega)e^{2\mu i\omega\,(x\cos(\theta)+y\sin(\theta))}d\omega d\theta \quad (4.15)$$

La variance du bruit sur un point (x, y) de l'image reconstruite est donnée par (10) :

$$\sigma_{recon}^2(x,y) = E\big[(\hat{f}(x,y) - E(\hat{f}(x,y))^2\big] \quad (4.16)$$

Par substitution de (4.11) et (4.15) et à travers un développement mathématique approprié, on trouve l'expression suivante de la variance (4.17) :

$$\sigma_{recon}^2(x,y) = \pi S_0 \int_{-\infty}^{+\infty}|\omega|^2 G(\omega)^2 d\omega \quad (4.17)$$

Où la formule (4.13) est utilisée. Cette dernière expression de la variance peut s'écrire sous la forme suivante :

$$\frac{\sigma_{recon}^2}{S_0} = \pi \int_{-\infty}^{+\infty}|\omega|^2 G(\omega)^2 d\omega \quad (4.18)$$

Dans cette dernière expression, la dépendance en (x, y) de la variance est abandonnée puisque il s'est avéré (4.17) qu'elle est indépendante de la position dans le plan d'image.

L'équation (4.18) montre que pour la réduction de la variance du bruit dans l'image à reconstruire, la fonction de filtrage $G(\omega)$ doit être choisie de façon à ce que la surface sous le carré de $|\omega|G(\omega)$ soit la plus petite que possible [38]. Mais, on sait que pour qu'il n'y aura pas de distorsions d'image $|\omega|G(\omega)$ doit être le plus proche de $|\omega|$ que possible. Par conséquent, le choix de $G(\omega)$

dépend du compromis qu'on tolère entre la distorsion d'image et la variance du bruit. A partir de ses dernières conditions et restrictions, des fonctions de filtrage sont définies et adaptées au processus de rétroprojection filtrée. Les principales fonctions de filtrage ($|\omega|G(\omega)$) utilisées en reconstruction d'image par FBP sont présentées sur la figure (4.17) pour une fréquence de coupure prise arbitrairement égale à 1. Ces fonctions de filtrage ne constituent pas une liste limitative ; il existe d'autres fonctions de filtrage qui présentent d'autres caractéristiques applicables selon les propriétés intrinsèques de l'objet à savoir : sa complexité, sa géométrie, ses détails internes et l'importance accordée à la visualisation de sa forme générale.

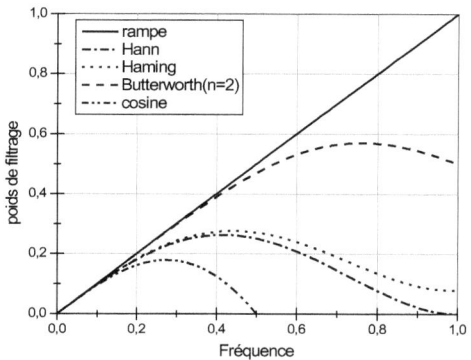

Fig. 4.17 : le filtre idéal $|\omega|$ et quelques fonctions de filtrage

2.4.2 Cas discret

Bien que le cas continu arrive bien à démonter la dépendance entre la variance du bruit dans l'image reconstruite et le filtre utilisé (fonction de filtrage) pour les données de projections, il est basé sur des suppositions qui sont, parfois, irréalistes. En effet, la supposition de la stationnarité implique de par l'équation (4.8) que pour chaque projection, la variance du bruit mesurée pour chaque raie est la même [38]. Ceci n'est pas toujours vrai en pratique. La variance du bruit dépend du signal. Cette dépendance a un impact important sur la structure du bruit dans l'image reconstruite. A titre d'exemple et pour l'illustration de cette dépendance, on prend le cas de la Tomographie Neutronique Informatisé (neutron computer tomography). On suppose que l'intervalle d'échantillonnage est τ qui est, aussi, la largeur du faisceau neutronique (Fig.4.18). Si cette largeur τ du faisceau est suffisamment petite et le faisceau est monochromatique, l'intégral de la fonction d'atténuation qui décrit l'objet $\mu(x, y)$ tout au long de la ligne **AB** (Fig.4.18) est donnée par :

$$P_\theta(t) \equiv \int_{raie\ -cheminAB} \mu(x,y)ds \approx \log(N_i) - \log(N_\theta(k\tau)) \quad (4.19)$$

Où $N_\theta(k\tau)$ dénote la valeur of N_d pour la raie localisée par (θ, $k\tau$) comme illustré sur la figure (4.18). L'aspect aléatoire dans la mesure de $P_\theta(t)$ est introduit par les fluctuations statistiques dans $N_\theta(k\tau)$. En pratique seul $N_\theta(k\tau)$ est mesurable directement [38].

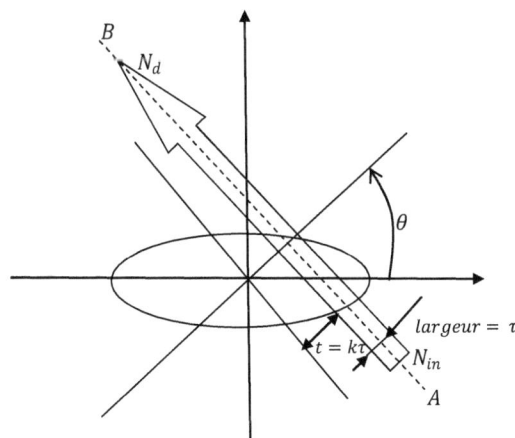

Fig.4.18 : un faisceau neutronique de largeur τ traversant une section d'un échantillon

La valeur de N_{in}, pour toutes les raies, est contrôlée par le monitoring du flux neutronique de la source par un détecteur approprié et par la bonne connaissance de la distribution spatiale du flux. Il est recommandé d'assumer que le faisceau de référence est suffisamment large de façon à ce que N_{in} soit considéré connu avec une erreur négligeable.

Les étapes et les suppositions suivantes ont été suivies pour l'aboutissement à l'expression de la variance de $\hat{f}(x, y)$:

1. Pour chaque mesure de l'intégral de raie, N_{in} est à constante déterministe, tandis que $N_\theta(k\tau)$ est aléatoirement variable ;

2. Le caractère aléatoire de $N_\theta(k\tau)$ est statistiquement décrit par la fonction de probabilité de Poisson [45,46] ;

3. le caractère aléatoire de $N_\theta(k\tau)$ induit le fait que la vraie valeur de $P_\theta(k\tau)$ diffère de la valeur mesurée $P_\theta^m(k\tau)$:

$$P_\theta^m(k\tau) = \log(N_{in}) - \log(N_\theta(k\tau)) \tag{4.20}$$

$$\text{et } P_\theta(k\tau) = \int_{raie} \mu(x,y)ds = \log(\frac{N_{in}}{N_d}) \tag{4.21}$$

4. $e^{-P_\theta(k\tau)}$ es interprété comme la probabilité qu'un neutron entrant par **A** émerge par **B** (Fig.4.18) sans subir ni absorption ni diffusion ;

5. Toutes les fluctuations de $N_\theta(k\tau)$ qui ont une probabilité significative de se produire sont bien inférieures à la moyenne $\overline{N}_\theta(k\tau)$, et par conséquent :

$$E\{P_\theta^m(k\tau)\} = P_\theta(k\tau) \tag{4.22}$$

$$\text{et } variance\{P_\theta^m(k\tau)\} = \frac{1}{\overline{N}_\theta(k\tau)}. \tag{4.23}$$

6. L'algorithme de rétroprojection filtrée (FBP) décrit dans le chapitre 2 est utilisé pour la reconstruction d'image. La relation entre les projections mesurées et la fonction d'objet $\hat{f}(x, y)$ est donnée par :

$$\hat{f}(x,y) = \frac{\pi\tau}{M_{proj}} \sum_{i=1}^{M_{proj}} \sum_k P_{\theta_i}^m(k\tau) h(x\cos(\theta_i) + y\sin(\theta_i) - k\tau) \qquad (4.24)$$

En utilisant (3.22), (3.23) et (3.24), l'expression suivante est obtenue :

$$E\{\hat{f}(x,y)\} = \frac{\pi\tau}{M_{proj}} \sum_{i=1}^{M_{proj}} \sum_k P_{\theta_i}(k\tau) h(x\cos(\theta_i) + y\sin(\theta_i) - k\tau) \qquad (4.25)$$

et sa variance est donnée par :

$$variance\{\hat{f}(x,y)\} = (\frac{\pi\tau}{M_{proj}})^2 \sum_i \sum_k \frac{1}{\overline{N}_{\theta_i}(k\tau)} h^2(x\cos(\theta_i) + y\sin(\theta_i) - k\tau)$$
$$(4.26)$$

7. Les fluctuations de $P_{\theta_i}^m(k\tau)$ sont non-corrélatives pour les différentes raies. L'équation (4.25) montre que la valeur prévue de l'image reconstruite est égale à celle due à des données de projection idéales ;

8. En termes de projections idéales, $P_\theta(k\tau)$, de nouvelle projections $V_\theta(k\tau)$ sont introduites ($V_\theta(k\tau) = e^{P_\theta(k\tau)}$) ;

9. une nouvelle fonction filtrage $h_\vartheta(t) = h^2(t)$ est aussi introduite. La nouvelle variance est, ainsi, donnée par [38]:

$$variance\{\hat{f}(x,y)\} = (\frac{\pi\tau}{M_{proj}})^2 \frac{1}{N_{in}} \sum_i \sum_k V_\theta(k\tau) h_\vartheta(x\cos(\theta_i) + y\sin(\theta_i) - k\tau)$$
$$(4.27)$$

Dans ce cas, l'incertitude relative est définie par :

$$incertitude - relative\ à\ (x,y) = N_{in} \frac{variance\ \{\hat{f}(x,y)\}}{[\hat{f}(x,y)]^2} \qquad (4.28)$$

L'incertitude relative au point (x, y) présente une mesure sur la confiance qu'un observateur peut mettre sur la valeur reconstruite en ce point (x, y) par rapport aux autres.

Pour le cas particulier de la détermination du bruit à l'origine (0, 0) et sous les suppositions citées ci-dessous, la variance est donnée par (4.29) et (4.30).

Quelques suppositions:

1. h(t) est une fonction pondérée ;
2. h(kτ) converge rapidement en fonction de k ;
3. l'objet est homogène ;
4. $N_{\theta_i}(0)$ est la moyenne du nombre de neutrons mesurée au centre de la raie pour chaque projection.
5. La section pour laquelle la reconstruction tomographique est faite est supposée de symétrie circulaire. Par conséquent, les $\overline{N}_{\theta_i}(0)$ sont égaux pour tous les i et ont comme valeur commune $\overline{N}_0$ [38].

$$variance\{\hat{f}(0,0)\} = \frac{\pi^2 \tau}{M_{proj}\, \overline{N}_0} \int_{-\infty}^{+\infty} h^2(t)dt \qquad (4.29)$$

Par l'utilisation du théorème de Parseval, cette variance est donnée, dans le domaine fréquentiel, par :

$$variance\{\hat{f}(0,0)\} = \frac{\pi^2 \tau}{M_{proj}\, \overline{N}_0} \int_{-1/2\tau}^{1/2\tau} |H(\omega)|^2 d\omega \qquad (4.30)$$

τ est l'intervalle d'échantillonnage des données de projections.

Ce dernier résultat stipule que la variance du bruit à l'origine (0,0) est proportionnelle à l'aire de la surface au dessous du carré de la fonction de filtrage utilisée pour la reconstruction. Ceci, n'implique pas que cette aire doit être arbitrairement petite puisque une déviation majeure par rapport à la fonction $|\omega|$ induit des distorsions spatiales dans l'image malgré qu'elle soit de bruit très bas. Aucune des équations précédentes ne peut être interprétée comme une implication à ce que le rapport signal/bruit soit optimal, τ doit être pris très petit. τ étant aussi la largeur de faisceau, d'où si τ diminue $\overline{N}_0$ augmente.

A partir du développement précédent et à travers les propriétés du bruit des images reconstruites par rétroprojection filtrée, la variance du bruit est directement liée à la surface au dessous du carré de la fonction de filtrage utilisée. Cette dépendance est basée sur la supposition que la variance du bruit mesurée est la même pour toutes les raies des projections ; ce qui n'est pas toujours le cas. Cette variance a été étudiée par d'autres approches et des expressions plus générales avec et sans cette dernière supposition ont été trouvées [47,48 ,49].

3 Autres sources d'erreurs

Il est parfois utile de prendre en considération d'autres types de sources d'erreurs comme l'efficacité de détection de la caméra, le bruit de lecture de la caméra qui est, généralement, proportionnel à la racine du temps d'intégration d'image. Les erreurs dues à l'inhomogénéité de l'écran scintillateur ainsi que le bruit induit par les neutrons diffusés par l'échantillon nécessitent d'être parfois considérés malgré qu'elles soient, généralement, négligeables.

CONCLUSIONS

Tomographie Neutronique
Principe, Effet du Durcissement du Spectre et Analyse d'Erreurs

F. Kharfi

Dans cet ouvrage, l'imagerie neutronique, la reconstruction 3D d'image par Tomographie Neutronique à transmission et leurs applications sont traitées. Toutes les expériences de tomographie présentées dans ce livre sont réalisées autour de l'installation de Tomographie de l'ATI qui est une des installations les plus performantes en Europe.

Après le passage en revue des principes de l'imagerie neutronique, de la tomographie et des méthodes de reconstruction tomographique d'images, les étapes pratiques de projection et de rétroprojection filtrée sont présentées et expliquées à travers un exemple de tomographie d'un moteur électrique 6V. Les résultats montrent l'influence du bon choix des paramètres de projection et de filtrage sur la qualité de l'image reconstruite. L'analyse par découpage et par segmentation du volume 3D obtenu confirme le pouvoir d'exploration en profondeur de la tomographie neutronique à transmission.

Dans le troisième chapitre, les expériences de caractérisation de la transmission neutronique de divers matériaux présentent une déviation appréciable et un abaissement de la section efficace macroscopique effective d'atténuation en fonction de l'épaisseur par rapport à celle tabulée pour le cas de l'acier inox boraté. L'effet de durcissement du spectre neutronique traversant l'objet constitue la seule explication pour l'observation de cette déviation. Une méthode

Conclusions

très appropriée pour l'estimation de la densité surfacique de l'élément absorbant dans le matériau étudié est présentée. Cependant, il est important de signaler que la méthode proposée dans cet ouvrage n'est valable que pour un matériau fortement absorbant aux neutrons comme l'acier inoxydable boraté. L'effet de durcissement du spectre est bien mis en évidence par la mesure des sections efficaces moyennes effectives Σ pour le cas de l'acier inoxydable boraté en fonction de l'épaisseur. Un shift en énergie de 0.035 eV est observé pour 1cm d'épaisseur. L'interprétation de ce shift est faite par l'étude de la variation en profondeur de la transmission neutronique pour un échantillon d'un centimètre d'épaisseur. Cette étude montre que la transmission neutronique augmente en fonction de la profondeur ce qui rend le spectre neutronique riche en composantes de haute énergie. La valeur du shift observée est dans le même ordre de grandeur que la valeur calculée par le code MCNP dans la référence [21] pour le même matériau étudié.

Dans le quatrième chapitre de ce livre, les sources d'erreurs en Tomographie Neutronique à transmission sont identifiées. L'analyse des erreurs est faite d'une façon expérimentale à travers des mesures et aussi d'une façon théorique à travers la modélisation. Dans cette analyse, les principaux paramètres qui affectent la qualité de l'image reconstruire sont identifiés. Des procédures pour l'optimisation de ces paramètres sont établies et ce, pour la réduction des erreurs induites. Ainsi, pour chaque type d'erreur, une procédure de correction est développée et appliquée. Le bruit entachant les données de projection est modélisé par la considération des deux cas continu et discret. A travers cette modélisation, l'importance de l'opération de filtrage et la primordialité du bon choix de la fonction de filtrage sont démontrés. Dans cette modélisation, la variance du bruit est trouvée étroitement liée à la surface au dessous du carré de la fonction de filtrage utilisée. Cette dépendance s'appuie sur la supposition que la variance du bruit mesurée est la même pour toutes les raies de projection ; ce qui n'est pas toujours le cas. Des études plus élaborées ont abouties à des

Conclusions

expressions de la variance du bruit plus spécifiques et mieux adaptées pour le cas de la tomographie neutronique.

En se basant sur l'analyse et l'étude des erreurs et du bruit affectant les données de projection, les propositions et les procédures de correction suivantes sont de mise:

1. La soustraction de l'image "Dark Curent" pour l'élimination du bruit de fond de la caméra;
2. La division des projections par l'image "Open Beam" pour la correction des erreurs dues à l'inhomogénéité spatiale (non uniformité) du faisceau neutronique;
3. La mesure d'un niveau de gris moyen sur une région de détection (ROD) loin de la région de l'objet permet la normalisation du niveau de gris de toutes les projections par rapport à cette valeur;
4. La prise de plusieurs images "Open Beam" pendant le processus de projection permet de corriger les erreurs dues à la fluctuation de l'intensité du faisceau pendant l'exposition neutronique ;
5. La bonne estimation du nombre de projections, du nombre de raies par projection ainsi que les dimensions de la grille de reconstruction permet de remédier aux erreurs dues à l'insuffisance des données de projection;
6. L'opération de filtrage des données de projection est très importante. En effet, la fonction de filtrage $G(\omega)$ doit être choisie de façon que $G(\omega)|\omega|$ soit proche de la fonction rampe $|\omega|$ mais aussi que la surface au dessous du carré $G(\omega)|\omega|$ soit la petite que possible, et ce, pour éviter d'avoir des distorsions sur l'image reconstruire.

Dans cet ouvrage, l'apport de l'examen 3D par tomographie neutronique à transmission dans le domaine du contrôle non destructif est bien démontré. En général, l'imagerie neutronique convient efficacement pour des études quantitatives et les résultats fournis sont parfois exceptionnels et très spécifiques.

Finalement, il est judicieux de rappeler que le développement des méthodes et techniques d'analyse d'images et l'amélioration des d'algorithmes de reconstruction en tomographie que ce soient analytiques ou algébriques demeurent des axes de recherche d'actualité et en plein essor.

Bibliographie

[1] J.C. Domanus, *"Practical Neutron Radiography"*. Kluwer Academic Publishers, Dordrecht, Holland, 1992.

[2] J. Bussac, *"traité de Neutronique"*, Edition Hermann, 2ème édition, 1985.

[3] A.A. Harms, *"Mathematics and Physics of Neutron Radiography.* D.Reidel publishing company, 1986.

[4] R. Pannetier, *"Contrôle des rayonnement ionisants et mise en œuvre des techniques de contrôle"*. Vade-Mecum du Technicien Nucléaire, 2ème Edition, 1980.

[5] A. Edward Profio," *Experimental Reactor Physics"*. Wiley Interscience Publication, 1976.

[6] J. Debrue." *Neutronographie : principes de bases et applications"*. Revue "M Tijdschift", vol 26 N°1, 1980.

[7] J. SURUGUE, " *Techniques générales du laboratoire de physique"*. Edition: CNRS Paris 7°, Vol III, 1965.

[8] S.J. Cocking, *"Robust Equipment for Dynamic Neutron Fluoroscopyy"*. Proceeding of the 2nd WCNR, Reidel Publishing Company, 1987.

[9] G.J. Martin, *"A High Resolution CCD camera for Scientific and Industrial Imaging Applications"*. SPIE vol.818, Current developments in optical Engineering II, 1987.

[10] A. Laporte, *"la neutronographie"*. Revue: Pratique de contrôle non destructif, N°121 bis, 1980.

[11] A. Laporte, *"Neutronographie industrielle associé au réacteur ORPHEE.* Edition Pappillon Sarl, 1982.

[12] B. Schillinger, *"Neutron Tomography"*. Paul Sherrer Institute, summer school on neutron scattering, 2000.

[13] M. Schneider,"*Studies for Neutron Tomography at the Institute Laue-Langevin*". Doctoral Thesis, Institute of Physics, University of Heidenberg, July 2001.

[14] I. Buvat, "*Reconstruction Tomographique*". Cours disponible sur le site : www.guillement.org, 2003 (consulté le 20/01/2009).

[15] Wade.J. Richard," *Neutron Tomography developments and applications*". UCD McClellan Nuclear Radiation Center, University of California Davis, 2003.

[16] B. Schillinger, "*Computerized Tomography for industrial applications and image processing in radiology*", DGZfP- proceeding BB 67-CD, Berlin Germany, 1999.

[17] Wade.J. Richard," *Neutron Tomography developments and applications"*. UCD McClellan Nuclear Radiation Center , University of California Davis (2003).

[18] S. X. Pan and A.C. Kak, "*A computational Study of Reconstruction Algorithms for Diffraction Tomography: Interpolation vs. filtered-back-propagation*". IEEE trans. Acoust. Speech Signal Processing, vol ASSP-31, pp.1262-1275 (1983)

[19] S. Baechler, "*Two non-destructive neutron inspection techniques: Prompt gamma-ray activation analysis and Cold neutron tomography*". Doctoral thesis presented at the science faculty, University of Fribourg, Swiss (2002).

[20] J. Darcourt, "*Méthodes itératives de reconstruction*". Revue de l'ACOMEN, vol.4 N°2,1998.

[21] M. Bastuerk, "*Materials inspection with low energy neutrons and 3D image reconstruction*". Doctoral Thesis, ATI-Vienne, Mart. Nr.9800103 (2003).

[22] UltraPlusTM, Camera Control Software Manual, Version 1.0. Life Science Resources, AstroCam Camera System, 1998.

[23] M. Dierick et al, *"Octopus, a fast and user-friendly topographic reconstruction package developed under LabView"*. Institute of Physics Publishing, Meas. Sci. Technol.15, pp.1366-1370 (2004).

[24] F. Kharfi, *"3D Image Reconstruction, Processing and Analyzing in Neutron Tomography"*. Proceeding of the 8th WCNR, NIST, Maryland, DEStech publication, ISBN13: 978-1-932078-75-9, (USA (2006).

[25] R. BEAUGE," *Détermination de l'efficacité d'un écran de boral et mesure de la quantité de bore contenue dans cet écran"*. Revue Industries ATOMIQUES", N°3-4,1960.

[26] F. Kharfi, et al., Nucl. Inst & Meth in Physics Research. A 565 (2006) 416-422.

[27] R. HALMSHAW, "*Industrial Radiology -Theory and Practice-*". Edition CHAPMAN & HALL, 1995.

[28] *Neutron Fluence Measurement*. IAEA Technical Reports Series, No.107, 1970.

[29] M. Zawisky, et al,. Appl. Radiat. Isotop. 61 (2004) 517.

[30] M. Zawisky, "*Non-destructive 10B analysis in neutron transmission experiments*". Journal of applied radiation and isotopes (2003).

[31] M. Basruerk, "*Radiography investigation and Monte Carlo simulation of Boron-alloyed steel*". 7th World conference on neutron radiography proceeding, Rome-Italy, 15-21 September 2002.

[32] R.A. Brooks et al, *"Hardening in X-ray reconstructive tomography"*, Phsy. MeD. Biol. 21 (1976) 390-398.

[33] M. Bastuerk, et al., J. Nucl. Mater. 341 (2-3)(2005)189.

[34] M. Zawisky, et al., J. Nucl. Mater.327 (2-3) (2004)188.

[35] A.D. Poyanim, "*Hand book of Integral Equations*". CRC press, Boca Raton, FL, 1998.

[36] ASTM standard E748-95, "*Standards Practices for Thermal Neutron Radiography of Materials*", 1995

[37] M. Hajek, W. Schöner, *"Spectral distribution of neutron fluence at the thermal column of the TRIGA Mark II research reactor"*, AIAU 21313, 2001.

[38] J. Aylor, « *Principles of computerized tomography imaging* ». IEEE press, 1987.

[39] R. K. Hassanein, *"Correction methods for the quantitative evaluation of thermal neutron tomography"*. Doctoral thesis, Swiss federal institute of technology Zurich, DISS.ETH NO.16809, 2006.

[40] B. Schillinger, "*Neutron Tomography* ". PSI summer school on neutron scattering, Switzerland, 2000.

[41] A. Ouahabi, *"Fondements théoriques du traitement de signal"*. Edit. Connaissance du Monde, Alger, 1993.

[42] I. Buvat, « *Reconstruction tomographique* ». U494, INSERM, Paris, 2003.

[43] R. A . Brooks, « *Aliasing* : a source of streaks in computed tomograms », J. Comput. Assist. Tomog., vol.3; n04, pp.511-518, 1979.

[44] H. P. Hiriyannaiah, *"Noise in reconstructed image in tomography parallel, fan and cone beam projection"*. Third annual IEEE symposium on computer-based medical systems, CH2845-6/90, 1990.

[45] O. J. Tretiak, *"Noise limitations in x-ray computed tomography,"* J. Comput. Assist. Tomog., vol. 2, pp. 477-480, Sept. 1978.

[46] A. Papoulis, *"Probability, Random Variables, and Stochastic Processes"*. New York, NY: McGraw-Hill, 1965 (2nd ed., 1984).

[47] J. C. Gore and P. S. Tofts, *"Statistical limitations in computed tomography,"* Phys. Med. Biol., vol. 23, pp. 1176-1182, 1978.

[48] S. J. Riederer, N. J. Pelt, and D. A. Chesler, *"The noise power spectrum in computer x-ray tomography"* , Phys. Med. Biol., vol. 23, pp. 446-454, 1978.

[49] A. C. Kak, *"Computerized tomography with x-ray emission and ultrasound sources,"* Proc. IEEE, vol. 67, pp. 1245-1272, 1979.

i want morebooks!

Buy your books fast and straightforward online - at one of world's fastest growing online book stores! Environmentally sound due to Print-on-Demand technologies.

Buy your books online at
www.get-morebooks.com

Achetez vos livres en ligne, vite et bien, sur l'une des librairies en ligne les plus performantes au monde!
En protégeant nos ressources et notre environnement grâce à l'impression à la demande.

La librairie en ligne pour acheter plus vite
www.morebooks.fr

VDM Verlagsservicegesellschaft mbH
Heinrich-Böcking-Str. 6-8
D - 66121 Saarbrücken

Telefon: +49 681 3720 174
Telefax: +49 681 3720 1749

info@vdm-vsg.de
www.vdm-vsg.de

Printed by Books on Demand GmbH, Norderstedt / Germany